数据驱动的
开源软件缺陷管理研究

张　文　闫绍山　王　强等　著

科学出版社
北　京

内 容 简 介

为保障软件供应链安全和抢占全球创新制高点，一些国家政府和大型企业大力扶持开源软件。开源软件由于在开发时间、空间、人员和项目管理上的诸多特点而大大增加了开发的复杂性，进而使得开源软件质量具有不确定性。针对这一问题，本书首次聚焦于开源项目资源库挖掘这一主题，展示如何利用大数据驱动方法支持开源软件缺陷管理。本书的内容包括开源软件项目缺陷预测、开源软件项目缺陷分配和开源软件项目缺陷定位。在缺陷预测方面，针对软件缺陷数据的非均衡性、多模态性、稀缺性和时间序列特性开展研究。在缺陷分配方面，针对开源软件缺陷解决过程中的开发人员参与情况和开发人员专长开展研究。在缺陷定位方面，针对开源软件缺陷修改牵涉面大而变更零散的特点开展研究。

本书的适读对象为大专院校软件工程和信息系统专业的高年级本科生与研究生，以及与软件开发、软件项目管理相关的业界人士。

图书在版编目（CIP）数据

数据驱动的开源软件缺陷管理研究 / 张文等著. —北京：科学出版社，2024.8

ISBN 978-7-03-075960-3

Ⅰ. ①数… Ⅱ. ①张… Ⅲ. ①软件开发－质量管理－研究 Ⅳ. ①TP311.52

中国国家版本馆 CIP 数据核字（2023）第 123780 号

责任编辑：李 嘉 / 责任校对：贾娜娜
责任印制：赵 博 / 封面设计：有道设计

科学出版社出版
北京东黄城根北街 16 号
邮政编码：100717
http://www.sciencep.com
北京中石油彩色印刷有限责任公司印刷
科学出版社发行 各地新华书店经销
*
2024 年 8 月第 一 版 开本：720 × 1000 B5
2025 年 1 月第二次印刷 印张：8 3/4
字数：172 000

定价：118.00 元

（如有印装质量问题，我社负责调换）

目　录

第 1 章　开源软件缺陷管理 …… 1
1.1　研究背景 …… 1
1.2　研究意义 …… 2
1.3　研究综述 …… 3
1.4　内容结构 …… 7
参考文献 …… 9
第 2 章　开源软件项目缺陷预测 …… 11
2.1　问题描述 …… 11
2.2　基于统计抽样的软件缺陷预测 …… 12
2.3　基于特征过滤的软件缺陷预测 …… 23
2.4　基于深度迁移学习的跨项目软件缺陷预测 …… 34
2.5　基于多模态时间序列的软件缺陷数量分类研究 …… 46
2.6　本章小结 …… 54
参考文献 …… 55
第 3 章　开源软件项目缺陷分配 …… 58
3.1　基于缺陷相似度和开发者排名的开源软件缺陷分配方法 …… 58
3.2　基于主题模型的开源软件缺陷分配方法 …… 69
3.3　基于主题建模和异构网络分析的开源软件缺陷分配方法 …… 77
3.4　本章小结 …… 87
参考文献 …… 88
第 4 章　开源软件项目缺陷定位 …… 90
4.1　问题描述 …… 90
4.2　基于缺陷修复历史的两阶段缺陷定位方法 …… 92
4.3　细粒度软件缺陷定位方法 …… 101
4.4　基于查询扩展的方法体级别缺陷定位方法 …… 114
4.5　本章小结 …… 127
参考文献 …… 127

第 5 章　总结与展望 ······ 130
5.1　总结 ······ 130
5.2　展望 ······ 132
参考文献 ······ 133

第1章　开源软件缺陷管理

软件开发是一项充满了复杂性的工作。传统商业软件开发一般采用层级结构来组织开发人员进行软件开发并采用严格的软件过程管理以保证软件质量。然而，开源项目由于在开发时间、空间、人员和项目管理上的诸多独特性而增加了开发的复杂性，给开源软件质量保证带来了巨大挑战。一些开源项目由于其所产出的软件质量不高，难以持续获得用户青睐，而不得不终止项目开发，从而造成了大量的人力物力浪费。相反，一些开源项目由于其能够持续产出高质量的软件制品，能在开源社区中获得用户认可而取得成功。因此，如何保证开源软件的质量，并针对开源软件质量提升和开发效率改进提出合理的开源软件缺陷管理方法，已成为学术界和工业界所共同关注的重要问题。

本章主要从开源软件缺陷管理的研究背景、研究意义、研究综述、内容结构四个方面展开叙述。尽管开源软件开发给软件缺陷管理带来了巨大挑战。但是，开源社区中所产生的大量的与软件开发相关的缺陷大数据，给传统软件缺陷管理带来了一种新的突破，即数据驱动的软件缺陷管理。由此，本章从数据驱动视角对开源软件缺陷预测、缺陷分配和缺陷定位三个方面开展研究综述，为后面章节的研究内容做好铺垫。

1.1　研究背景

开源软件（open source software，OSS）近年来受到了大量的关注，不仅个人用户越来越青睐开源软件，政府和大型企业也公开大力扶持开源软件行业的发展（李慧倩等，2008；倪光南，2007；李国杰，2008）。它被认为是一种新的软件开发方式，并对当今主导软件市场的传统商业软件开发形成了挑战。这种挑战不是来自软件开发的时间、成本和价格方面的优势，而是对于软件开发、发售和使用方式的全新变革（DiBona et al.，1999；Raymond，1999）。其发展速度非常快，截至 2022 年 6 月，开源社区 GitHub（https://github.com）拥有来自全球超过 83 000 000 名开发人员和超过 200 000 000 个开源项目，超过 90%的财富 100 企业（https://finasko.com/fortune-100-companies/）参与其中。开源社区 SourceForge（http://sourceforge.net）共吸引了来自全球大约 3 700 000 名开发者，开发了超过 430 000 个开源软件项目，并拥有超过 46 000 000 名开源软件用户。开源软件的应用范围非常之广，根据国际知名调查机构 Statista 的统计预测数据，全球开源软件市场在 2021 年已经达到了 234 亿美元的规模，并有望在 2027 年达到 600 亿美元的规模（ReportLinker，2021）。此外，到 2021 年底，几乎所有的主流信息技术厂商都采用了开源软件以用于其解决方案（Hammond et al.，2009）。在服务器操作系统上，Linux 目前已经占到 40%的市场份额（Riehle，2011）；在移动终端操作系统上，以 Android（安卓）为代表的开源平台已经占到了 70%以上的市场份额[①]。我国大型信息技术企业，如华为、腾讯、百度等相继加入 Linux 基金会，以期望在相关领域得到 Linux 持续优先的技术支持[②]。

1.2 研究意义

软件开发本身是一项充满了复杂性的工作（Brooks，1987）。首先，相比于传统同地同时的软件开发方式，开源软件采用异地分布式开发方式。全球不同地区的开发人员在不同开发时段进行软件开发，增加了软件开发协作和沟通上的困难。其次，相比于传统软件开发人员的层次结构组织方式，开源软件开发人员大多由志愿者组成，他们在项目中的地位是平等的，参与和离开项目开发的时间不固定，这给软件开发进度带来了大量的不确定性（Zhang et al.，2011）。最后，相比于传统软件开发采取的严格的项目管理和控制制度，开源软件开发没有详细的项目计划、进度管理和交付清单。尽管开源项目增加了软件开发的复杂性，然而，开源项目已发展多年，并成功开发了大量受到用户认可的软件。

对开源软件质量的关注一直是学术界和产业界所热衷讨论的话题。一方面，为了降低软件开发和使用成本以及为了保障软件供应链的安全，企业和个人用户愿意采用已有的开源软件进行系统搭建。另一方面，由于开源项目在人员组织和开发过程上与传统商业软件的巨大不同，其松散型的组织方式使得开源项目不可能在开发过程中采用严格的质量控制措施，进而使得开源软件质量具有不确定性，导致开源软件在使用和维护中存在一定问题（Stamelos et al.，2002）。

尽管林纳斯（Linus）定律告诉我们“如果拥有足够的关注度，所有的软件缺陷都是不难发现的”，然而，大量的开源软件用户和开发人员向社区提交了巨量的缺陷报告，但这些缺陷报告的描述方式不尽一致，很难判断缺陷报告的有效性，同时也难进行缺陷诊断以找到合适的开发人员对缺陷进行及时有效的修复。例如，Eclipse 项目在新版本发布前后每天报告的缺陷数量达到 200 个左右，负责缺陷解决的开发人员为 230 人左右（Anvik et al.，2005）；Mozilla Firefox 项目每天报告

① https://www.statista.com/statistics/272698/global-market-share-held-by-mobile-operating-systems-since-2009/。

② https://www.linuxfoundation.org/about/members。

的缺陷数量为 180 个左右，负责缺陷解决的开发人员为 200 人左右（Anvik et al.，2005），Debian 项目每天报告的缺陷数量为 150 个左右，有将近 300 人的开发人员负责缺陷解决（Wu et al.，2010）。如此庞大规模的缺陷报告，给缺陷分配和缺陷解决带来了巨大的复杂度与工作量。通过对上述三个项目的缺陷跟踪库进行统计分析后发现，有将近 30%的缺陷报告被重复和错误分配，有将近 40%的缺陷报告被提交超过 3 个月而未得到有效解决，有将近 25%的缺陷报告因解决措施不当而出现返工。

尽管产业界从软件项目管理的角度出发，制定了一系列的缺陷报告处理流程，并推出了一系列的应用工具，如 Jira、Bugzilla、Mantis 等，以确保软件质量随着软件演化以循环迭代方式逐步得到提升。这些工具对于缺陷报告的有效管理和分配而言，在流程控制上起到了一定的作用，但缺陷解决的困难并未得到实质改变。

1.3　研究综述

目前，学术界普遍存在的一种公认的观点是，由于软件项目的复杂性，在不能确保软件项目不产生缺陷的前提下，将关注点转向在软件发布早期对软件缺陷进行合理的预测，尽可能减少软件发布后可能存在的缺陷，以及在软件发布之后对用户报告的缺陷进行及时有效的解决，以减少由于软件缺陷而给用户带来的负面体验。基于此种观点，研究人员提出了一系列方法以支持软件发布之前的缺陷早期发现和软件发布之后的有效解决，主要成果体现在缺陷预测、缺陷诊断和缺陷定位三个方面，具体如下。

缺陷预测方面的研究将数据挖掘、机器学习等方法与软件产品、人员和过程度量方法相结合，利用大规模的历史软件开发和缺陷数据，通过学习已知模块或组件的度量特征和缺陷之间的潜在模式，来预测新增模块或组件可能存在的缺陷。例如，Li 等（2012）将主动学习、组合学习和半监督学习的思想引入软件缺陷预测，针对可利用的软件缺陷历史数据稀少、珍贵的问题，提出了基于抽样的主动式半监督缺陷预测方法 ACoForest。在 Eclipse 3.0、SWT（Standard Widget Toolkit，标准小部件工具包）、Lucene 等数据集上的实验表明，在已知缺陷的模块数量较少的情况下，ACoForest 的预测性能优于传统的逻辑回归（logistic regression，LR）、朴素贝叶斯（naive Bayes，NB）和决策树（decision tree）方法；此外，随着已知缺陷的模块数量的增加，ACoForest 的预测性能得到显著提升并且在提升幅度上显著高于其他方法。Kim 等（2011）研究了缺陷数据中的误分类数据对于缺陷预测模型的性能影响。他们在 Eclipse、SWT 等数据集上的实验表明，当缺陷历史数据中的误分类数据不超过 30%时，利用朴素贝叶斯和支持向量机（support vector machine，SVM）构建的缺陷预测分类器具有良好的鲁棒性。Zimmermann 等（2009）

利用来自不同领域和不同开发过程的软件缺陷数据进行缺陷预测，研究跨项目预测软件缺陷的可能性。他们利用 12 个真实软件项目的数据，构造了 622 个跨项目预测模型。实验结果表明，单纯采用来自相同领域和相同开发过程的软件项目数据所构造的缺陷预测模型并不会在新的软件项目上取得良好的缺陷预测性能。同时，他们提出了 40 个软件项目特征，通过衡量新项目和历史软件项目之间的相似性，识别对于预测新项目缺陷能够取得较好效果的历史软件项目。除此之外，Zimmermann 和 Nagappan（2008）利用代码片段之间的依赖关系构建社会网络，并利用社会网络度量元进行代码缺陷预测。他们利用 Windows Server 2003 的代码所进行的实验表明，相比于传统的基于代码的复杂度量元，基于社会网络的度量元能够在代码易错性预测方面提高 10%的召回率（recall），同时基于社会网络的度量元能够识别出 Windows Server 2003 系统 60%的易错性模块。

缺陷诊断方面的研究主要关注在软件缺陷发生之后，如何根据提交的缺陷报告将软件缺陷及时有效地分配给相关开发人员以进行缺陷修复。尤其是在开源软件项目缺乏统一的开发任务管理，个体开发人员不可能了解所有软件组件依赖关系和各组件具体代码的情况下，如何在有限的信息和不确定的条件下进行软件缺陷诊断已经越来越成为一个突出的问题，受到了软件工程研究人员的持续关注。例如，Anvik 等（2006）利用文本分类方法进行缺陷修复人推荐研究。他们将历史缺陷报告内容作为文本进行特征抽取，并将历史缺陷解决人员作为缺陷报告的类别训练 SVM 分类器。当新缺陷报告被提交到缺陷管理系统时，SVM 分类器将自动给出该新缺陷报告的类别，即推荐修复该新缺陷的开发人员。针对 Eclipse 和 Mozilla Firefox 项目缺陷的实验表明，基于文本分类的方法能够分别达到 57%和 64%的精确率。考虑到缺陷修复往往需要开发人员之间交流合作，Wu 等（2011）提出了基于 K-近邻和社会网络分析的缺陷修复人推荐方法 Drex。当一个新的缺陷报告被提交到缺陷管理系统时，该方法首先利用 K-近邻方法找到与新增缺陷报告相似的 K 个历史缺陷报告，并从这 K 个历史缺陷修复记录中找出对于其修复有贡献的开发人员；之后，根据这些开发人员的缺陷修复参与记录建立社会网络；最后，利用社会关系网络度量元对这些开发人员进行排序以进行缺陷修复人员推荐。在 Mozilla Firefox 缺陷数据集上的实验表明，在每次推荐 10 个开发人员参与新的缺陷修复的条件下，Drex 平均能够达到 65%的召回率，其性能显著优于传统基于文本多标签分类的方法。Xie 等（2012）利用隐含狄利克雷分布（latent Dirichlet allocation，LDA）主题模型对不同开发人员对于修复缺陷的不同兴趣和专长进行建模，并在此基础上提出 DRETOM（developer recommendation based on topic models，基于主题模型的开发者推荐）方法来推荐缺陷修复人。在 Eclipse JDT 和 Mozilla Firefox 项目上的实验表明，DRETOM 方法能够较好地对个体开发人员的缺陷修复兴趣和专长进行刻画，并且在缺陷修复人推荐方面，DRETOM 能取得高达 82%的召回率和 37%的精确率。

缺陷定位方面的研究主要关注在开发人员接受缺陷修复任务之后，如何依据缺陷报告描述内容、代码变更历史、邮件交流、调试运行信息、软件功能演化、运行日志记录和个人开发经验等，理解缺陷发生的原因，定位可能导致缺陷发生的程序代码片段。尤其是在开源软件开发由开发人员意愿驱动（Raymond，1999），导致缺乏明确且严格描述的需求文档和测试用例的条件下，一些自动化的缺陷定位和修复方法不具可行性。因此，开源软件发生缺陷之后，很大程度上依赖于开发人员的个人能力来理解、调试和变更代码以进行缺陷修复。于是，如何提供有效手段辅助开发人员快速定位导致缺陷的代码、理解缺陷发生的原因并提供可能的缺陷解决方案是软件工程研究人员关注的重要问题。例如，Zhou 等（2012）考虑缺陷报告的文本长度和缺陷报告之间的文本相似性，提出了一种基于信息检索的缺陷定位方法 BugLocator。在 Eclipse、SWT、AspectJ 和 ZXing 四个开源项目上的实验表明，BugLocator 能高效率地通过缺陷报告定位，修复所需变更的源代码文件：在 top10 的水平上（这里的 top10 是指在缺陷定位结果中排名前 10 的源代码文件），BugLocator 能够准确定位 60%～80%的与缺陷相关的源代码文件。Lukins 等（2008）基于 LDA 方法建立源代码主题模型，将源代码文件用潜在语义主题进行表示，并从缺陷报告中抽取出用户查询以定位修复缺陷所需修改的源代码文件。他们在 Rihino、Eclipse 和 Mozilla Firefox 开源项目上的实验表明，基于 LDA 方法的缺陷定位在准确率上优于基于隐语义索引（latent semantic indexing，LSI）的方法。Moin 和 Khansari（2010）提出了一种基于代码修改日志和缺陷报告文本分类的方法，来定位程序源代码目录级别的缺陷。他们利用缺陷报告的文本描述信息作为 SVM 的输入特征，并将已修复缺陷的代码变更文件作为类别标签，训练机器学习分类器。当新的缺陷报告被提交时，该分类器能够预测与修复和该缺陷相关联的代码文件。在 Eclipse 项目“用户组件”部分的 2000 多个缺陷报告数据集上的实验表明，该方法能够达到 90%以上的预测精确率和召回率。

尽管已有文献就开源软件缺陷相关主题在以上诸多方面已经开展了一些研究并取得了一定的进展，相关研究成果也已经得到了产业界和学术界的认可与采纳。但是，目前看来，对于开源软件缺陷早期发现和后期解决的相关的研究，还存在一些不足之处，值得进一步研究。

首先，已有方法忽视了群体记忆（group memory）对于软件缺陷早期预测和后期解决的重要作用。在开源软件开发过程中，开发人员之间形成了共同的群体记忆（Cubranic and Murphy，2003）。群体记忆绝大部分存储于开源项目的源代码管理系统、邮件列表和缺陷管理系统中。它们在时间上具有先后次序，在内容上具有连续性，贯穿整个软件开发的需求提出、设计编码和测试维护阶段。已有的缺陷预测、诊断和定位方法仅利用源代码信息、邮件信息与缺陷信息中的某一方面的片面信息，以一种点对点的方式解决有关软件缺陷的某一特定问题，在利用开源项目历史信息上缺乏对于群体记忆的全面场景再现。例如，已有的缺陷预测方法大多利用源代码信息；缺陷诊断大多利用缺陷报告信息；缺陷定位大多利用缺陷报告和源代码信息。Baysal 和 Malton（2007）的研究表明，除了源代码信息之外，邮件列表完整记录了开发人员群体在开源软件演化过程中各种决策和行为的详细信息。他们发现大部分的实际代码变更（71%的 LSEdit 项目代码变更，63%的 Apache Ant 项目代码变更）都在项目开发邮件中被讨论过。因此，在进行软件缺陷早期预测和后期解决时，综合利用源代码信息、邮件信息和缺陷信息以构建开发人员的群体记忆，对于软件开发场景再现、缺陷追踪和提供可行的缺陷解决方案等方面必定能够起到积极有效的作用。

其次，已有缺陷预测方法仅考虑产品（product）、过程（process）和人员（people）某一方面的因素来进行易错模块预测，缺乏对软件开发各因素的统一考虑。事实上，产品复杂度、过程成熟度和人员能力从不同的方面影响软件质量，是软件工程研究人员一直关注的主题（Tsui et al.，2016）。例如，在软件工程界公开使用的缺陷预测标杆数据集 Promise（http://promisedata.org）中，大多数可用于实验的数据仅收集了从软件项目源代码中获取的产品复杂度，使得一些经典的缺陷预测方法［如 Li 等（2012）、Zimmermann 等（2009）提出的预测方法］，在实验设计上缺少对于开发过程和人员因素的控制。尽管这些缺陷预测方法假设所用于实验的软件项目开发过程和人员能力具有一致性，但开源软件项目的实际情况未必如此。实验设计所带来的问题对这些缺陷预测方法能否被产业界有效采用产生了影响。因此，在缺陷预测模型的构建和验证方面，不仅要关注软件项目的源代码复杂度，更要重视项目开发过程和人员能力对于项目缺陷的影响。

再次，已有的缺陷诊断方法将所报告的缺陷指派给某一开发人员修复，而忽略了在缺陷解决过程中群体合作的重要性。尽管事实上正如 Anvik 等（2006）所指出的那样，缺陷跟踪系统中显示的将缺陷标记为“已修复”（FIXED）或者“已解决”（RESOLVED）的仅为某一开发人员。但是，实际上一些缺陷报告自从被提交之后就受到了一部分感兴趣的开发人员的持续关注（Wu et al.，2011）。不可否认，这些开发人员对缺陷的持续评论和建议对于缺陷解决具有一定的贡献。已有的研究虽然在缺陷解决群体合作等方面有所涉及（Wu et al.，2011），但由于软件开发者网络（二元网络）与在线社交网络（一元网络）存在本质区别，直接引入已有网络模型用于缺陷诊断不具有可行性（Zhang et al.，2012）。因此，必须在缺陷诊断中考虑开发人员的群体合作对于缺陷解决的贡献，并根据开源软件开发者网络的自身特点进行网络建模。

最后，已有缺陷定位方法的定位粒度为文件级别，范围过于宽泛，对于缺陷修复人员的辅助有限。无论是在产业界还是学术界，对于源代码在变量和方法体级别上的精细控制已经引起了相关人员的广泛关注（Hata et al.，2011）。软件缺陷的修复一般通过批量的源代码文件的变更来解决。通常，一次缺陷修复中绝大多数的软件变更仅涉及部分源代码文件中的少部分变量和方法；并且，同一源代码文件的不同代码片段的变更对于软件变更之后的质量影响也不尽一致（Śliwerski et al.，2005）。因此，缺陷定位不仅要从宏观层面上关联缺陷报告与源代码文件，更加重要的是，要从微观层面上，通过缺陷报告关联源代码文件中的变量和方法，评估变更对源代码文件中的相关变量和方法的影响。

1.4　内容结构

本书聚焦于开源软件缺陷管理这一主题，展示如何利用大数据驱动方法支持开源软件质量保证。具体而言，本书的内容包括开源软件项目缺陷预测、开源软件项目缺陷分配和开源软件项目缺陷定位。在缺陷预测方面，本书主要针对软件缺陷数据的非均衡性、多模态性、稀缺性和时间序列特性开展研究，并提出了相应的软件缺陷预测方法。在缺陷分配方面，本书主要针对开源软件缺陷解决过程中的开发人员参与情况和开发人员专长，通过开源社区开发人员网络分析和缺陷报告主题分析提出新的开源软件缺陷分配方法。在缺陷定位方面，本书主要针对开源软件缺陷修改牵涉面大而变更零散的特点，即缺陷修复需要变更多个文件但每个文件仅存在少量变更的特点，提出了细粒度的软件缺陷定位方法。

1.4.1　研究方法

随着开源软件项目在全球范围内的广泛开展，架设于互联网之上的开源项目管理平台累积了越来越多的源代码数据、日志数据和缺陷数据，即软件缺陷大数据。这些数据的规模正与日俱增，使得软件研究人员有条件从大规模的软件开发大数据中发现能够用于指导软件缺陷管理的模式和知识。本书采用数据驱动方法，通过与项目相关的实际缺陷数据驱动开源软件缺陷预测，通过缺陷解决过程数据驱动开源软件缺陷分配，通过缺陷修复历史记录数据驱动软件缺陷定位。具体而言，本书主要包括以下方法。

在理论层面，本书将以相关的理论，如群体记忆理论、软件复杂性理论、网络拓扑理论和软件演化理论等，作为本书的研究理论基础。具体来说，本书将以群体记忆理论为基础指导开源软件缺陷修复场景构建研究；以软件复杂性理论和过程成熟度理论为基础指导开源软件缺陷早期预测；以群体合作理论和网络拓扑理论为基础指导开源软件缺陷诊断；以软件演化理论为基础指导开源软件缺陷定位。

在技术层面，本书将以程序语言分析技术、自然语言处理技术、数据挖掘技术、机器学习技术、网络分析与计算技术和信息检索技术等作为本书研究成果的实现手段。具体来说，本书将利用程序依赖分析、语义相似度计算、正则表达式和文本分类技术等从邮件列表和缺陷报告中进行源代码、超文本链接和堆栈轨迹（stack trace）等信息抽取，并与源代码进行信息融合构建缺陷修复场景；利用代码复杂性度量技术和代码精细变更追踪技术进行缺陷早期预测；利用协同过滤技术、网络划分和影响力传播技术进行开源软件缺陷诊断；利用频繁项挖掘、关联规则挖掘、文本表示和代码精细变更追踪技术进行软件缺陷精确定位。

在应用层面，本书将以大型的开源软件项目社区为目标，结合已有的源代码版本控制系统、缺陷跟踪系统和邮件列表，开发相应的缺陷预测、诊断和定位支持工具。在实际的开源软件项目中检验本书所提出的软件缺陷预测、诊断和定位技术的有用性及有效性。

1.4.2　研究内容

在开源软件缺陷预测方面，考虑到软件缺陷在开发模块上的非均衡分类特性，本书提出了基于统计抽样的非均衡分类方法，以验证不同抽样方法和机器学习算法在非均衡软件缺陷预测上的效果。考虑到不同指标之间可能存在的冗余性，本书提出了基于特征过滤的软件缺陷预测方法。考虑到新项目软件缺陷数据的稀缺性，本书提出了基于深度迁移学习的软件缺陷预测方法，以从历史项目缺陷数据中向新项目进行知识迁移，并提升针对新项目的软件缺陷预测性能。同时，考虑到影响软件缺陷数量的多种因素，本书提出了基于多模态时间序列的软件缺陷数量预测方法。

在开源软件缺陷分配方面，考虑到软件缺陷报告之间的文本相似性和开发人员之间的相互合作特性，本书提出了基于 K-近邻搜索和开发者排名的开源软件缺陷分类方法。为了提高软件缺陷报告在相似度量上的精确率（precision），本书基于主题模型对缺陷报告进行主题抽取并基于抽取后的主题进行文本相似性度量，通过开发人员在缺陷报告不同主题上的专长和兴趣来进行软件缺陷分配。考虑到缺陷报告的元信息（meta information），即开发人员在不同产品和不同组件的缺陷报告下开展合作的信息，本书引入了异构网络来对开发人员在缺陷解决中的活动进行建模，提出了基于主题建模和异构网络分析的开源软件缺陷分配方法。

在开源软件缺陷定位方面，考虑到缺陷报告与代码之间的文本相似性以及代码本身的易错性（发生缺陷的可能性），本书提出了基于缺陷修复历史的两阶段缺陷定位方法。在第一阶段，通过缺陷预测实现代码级别上的易发生缺陷的估计。在第二阶段，通过缺陷报告与代码之间的文本相似性，将具有高相似度的易发生缺陷的代码定位为修复该缺陷而必须进行修改的代码。考虑到细粒度方法体中有效关键词的稀缺性，本书从三个方面，即语义相似度、时间接近度和调用依赖度，来对方法体中的代码进行查询扩充，并在词向量基础上丰富方法体的文本向量表示。由此，通过计算缺陷报告的文本表示与查询扩充后的细粒度方法体之间的文本相似度，进而定位与缺陷报告相关的方法以实现软件缺陷细粒度定位。

参 考 文 献

李国杰. 2008. 创新求索录[M]. 北京：电子工业出版社.

李慧倩，曾大军，郑晓龙，等. 2008. 基于开源软件的有向图研究[J]. 复杂系统与复杂性科学，5（1）：6-13.

倪光南. 2007. 标准化中的知识产权与中国企业的对策[J]. 信息技术与标准化，（6）：8-10.

Anvik J，Hiew L，Murphy G C. 2005. Coping with an open bug repository[C]. The 2005 Object-Oriented Programming Systems Language and Applications Workshop on Eclipse Technology Exchange. San Diego.

Anvik J，Hiew L，Murphy G C. 2006. Who should fix this bug? [C]. The 28th International Conference on Software Engineering. Shanghai.

Asiri S. 2003. Open source software[J]. ACM SIGCAS Computers and Society，33（1）：2.

Baysal O，Malton A J. 2007. Correlating social interactions to release history during software evolution[C]. The Fourth International Workshop on Mining Software Repositories. Minneapolis.

Brooks F P Jr. 1987. No silver bullet essence and accidents of software engineering[J]. Computer，20（4）：10-19.

Cubranic D，Murphy G C. 2003. Hipikat：recommending pertinent software development artifacts[C]. The 25th International Conference on Software Engineering. Portland.

DiBona C，Ockman S，Stone M. 1999. Open Sources：Voices from the Open Source Revolution[M]. Sebastopol：O'Reilly Media.

Hammond J S，Gerush M，Sileikis J. 2009. Open source software goes mainstream[R]. Cambridge：Forrester Research.

Hata H，Mizuno O，Kikuno T. 2011. Historage：fine-grained version control system for Java[C]. The 12th International Workshop on Principles of Software Evolution and the 7th annual ERCIM Workshop on Software Evolution. Szeged.

Kim S，Zhang H Y，Wu R X，et al. 2011. Dealing with noise in defect prediction[C]. The 33rd International Conference on Software Engineering. Pittsburgh.

Li M，Zhang H Y，Wu R X，et al. 2012. Sample-based software defect prediction with active and semi-supervised learning[J]. Automated Software Engineering，19：201-230.

Lukins S K，Kraft N A，Etzkorn L H. 2008. Source code retrieval for bug localization using latent dirichlet allocation[C]. The 15th Working Conference on Reverse Engineering. Antwerp.

Moin A H，Khansari M. 2010. Bug localization using revision log analysis and open bug repository text categorization[C]. The 6th International IFIP WG 2.13 Conference on Open Source Systems. Notre Dame.

Raymond E. 1999. The cathedral and the bazaar[J]. Knowledge，Technology & Policy，12：23-49.

ReportLinker. 2021. Global Open Source Services Market By Type，By Industry Vertical，By Regional Outlook，Industry Analysis Report and Forecast 2021-2027[EB/OL]. https://www.globenewswire.com/news-release/2021/12/03/2345793/0/en/Global-Open-Source-Services-Market-By-Type-By-Industry-Vertical-By-Regional-Outlook-Industry-Analysis-Report-and-Forecast-2021-2027.htm[2022-11-24].

Riehle D. 2011. Controlling and steering open source projects[J]. Computer，44（7）：93-96.

Śliwerski J，Zimmermann T，Zeller A. 2005. When do changes induce fixes？[J]. ACM SIGSOFT Software Engineering Notes，30（4）：1-5.

Stamelos I，Angelis L，Oikonomou A，et al. 2002. Code quality analysis in open source software development[J]. Information Systems Journal，12（1）：43-60.

Tsui F，Karam O，Bernal B. 2016. Essentials of Software Engineering[M]. 4th ed. Burlington：Jones & Bartlett Learning.

Wu W J，Zhang W，Yang Y，et al. 2010. Time series analysis for bug number prediction[C]. The 2nd International Conference on Software Engineering and Data Mining. Chengdu.

Wu W J，Zhang W，Yang Y，et al. 2011. DREX：developer recommendation with k-nearest-neighbor search and expertise ranking[C]. The 18th Asia-Pacific Software Engineering Conference. Ho Chi Minh City.

Xie X H，Zhang W，Yang Y，et al. 2012. DRETOM：developer recommendation based on topic models for bug resolution[C]. The 8th International Conference on Predictive Models in Software Engineering. Lund.

Zhang W，Yang Y，Wang Q. 2011. Network analysis of OSS evolution：an empirical study on ArgoUML project[C]. The 12th International Workshop on Principles of Software Evolution and the 7th annual ERCIM Workshop on Software Evolution. Szeged.

Zhang W，Yang Y，Wang Q. 2012. An empirical study on identifying core developers using network analysis[C]. The 2nd International Workshop on Evidential Assessment of Software Technologies. Lund.

Zhou J，Zhang H，Lo D. 2012. Where should the bugs be fixed？More accurate information retrieval-based bug localization based on bug reports[C]. The 34th International Conference on Software Engineering. Zurich.

Zimmermann T，Nagappan N. 2008. Predicting defects using network analysis on dependency graphs[C]. The 30th International Conference on Software Engineering. Leipzig.

Zimmermann T，Nagappan N，Gall H，et al. 2009. Cross-project defect prediction：a large scale experiment on data vs. domain vs. process[C]. The 7th Joint Meeting of the European Software Engineering Conference and the ACM SIGSOFT Symposium on the Foundations of Software Engineering. Amsterdam.

第2章 开源软件项目缺陷预测

软件项目缺陷预测一般可分为缺陷倾向性预测和缺陷数量预测。缺陷倾向性预测对软件模块出现缺陷的可能性进行预测。它将软件缺陷预测看作一个二分类问题，其数据集的特点是标签为有缺陷或无缺陷。缺陷数量预测本质上为时间序列预测，它对软件项目每天产生的缺陷数量进行预测。因此，它通常将软件缺陷预测视为一个基于时间序列的回归或多分类问题。

本章的2.2～2.4节为软件缺陷倾向性预测相关的内容，分别介绍了基于统计抽样的软件缺陷预测、基于特征过滤的软件缺陷预测和基于深度迁移学习的跨项目软件缺陷预测。2.5节为基于时间序列的软件缺陷数量预测的相关内容，主要介绍了基于多模态时间序列的软件缺陷数量分类研究。

2.1 问题描述

首先，在软件缺陷倾向性预测中，其数据集有以下三个特点：①类别不均衡问题，Wang和Yao（2013）指出，在一个软件中有缺陷模块和无缺陷模块的比例服从帕累托法则，即80%的缺陷集中在20%的模块上。②缺陷预测模型的性能高度依赖软件度量元的质量。现有研究指出，在软件缺陷数据集上无关特征和冗余特征普遍存在（Khoshgoftaar et al.，2012）。③在软件项目初期，其历史缺陷数据缺乏，对建立有效的缺陷预测模型构成挑战。以下针对不同的数据特点及其对应的研究进行简要阐述。

第一，软件缺陷数据集中的类不均衡问题会导致缺陷预测模型对有缺陷模块的预测准确度降低。在解决类不均衡问题的方法中，抽样是最常用的方法（Li et al.，2012）。但是，抽样方法对于软件缺陷预测的影响，以及抽样方法和机器学习算法组合对于软件缺陷预测的影响，这些都是未知的。因此，需要对基于抽样的非均衡分类方法在软件缺陷预测中的预测效果进行研究。

第二，软件缺陷数据集中存在无关特征、冗余特征、复杂的空间结构等问题，这些都会降低缺陷预测模型的预测准确性（Ghotra et al.，2017；He et al.，2015；Khoshgoftaar et al.，2012）。因此，设计有效的方法对度量元进行处理是非常必要的。针对度量元处理问题，本章提出基于过滤的软件缺陷预测方法FilterPre，并且在收集的4个软件缺陷数据集上对FilterPre方法的有效性进行验证。

第三，在软件项目初期，其历史缺陷数据缺乏。有效利用其他项目丰富的缺陷数据对数据稀缺的项目进行跨项目软件缺陷预测，可以在一定程度上解决该问题（Turhan et al.，2009）。针对软件项目初期历史缺陷数据缺乏的问题，我们提出结合动态对抗自适应网络和自编码器（dynamic adversarial adaptation network and auto-encoders，DAANAEs）的跨项目软件缺陷预测算法，并在收集的 4 个软件缺陷数据集上进行任意两个项目之间的跨项目缺陷预测，以及对 DAANAEs 的有效性进行验证。

其次，软件缺陷数量时间序列预测受到以下三个问题的困扰：①缺陷报告提交和修复的延迟（Menzies et al.，2017）；②缺陷的重复提交（Runeson et al.，2007）；③数据噪声（Yang et al.，2015）。这三个问题导致进行精准的缺陷数量预测是极其困难的。此外，软件项目管理者不会关注具体的缺陷数量，这是因为，小幅的缺陷数量变化不会影响其资源分配决策。因此，我们认为软件缺陷数量分类预测对项目管理人员兼具可行性和实际帮助意义。

缺陷数量分类预测是一个时间序列分类问题，需要预测出未来每天缺陷数量的高中低水平。在时间序列预测中，未来缺陷数量的水平，不仅和缺陷数量自身的历史数据相关，而且可能和缺陷的其他特征的历史信息相关。比如，历史缺陷的严重程度、是不是节假日等。因此，有效地将多种数据融合可以更好地对未来缺陷数量的水平进行预测。针对软件缺陷数量分类预测问题，本章提出 BugCat 方法。该方法能够将 5 种不同模态的时间序列信息进行融合，对未来软件缺陷数量的高中低水平进行预测，我们将通过在 Mozilla Firefox 缺陷数据集上进行实验来验证该方法的有效性。

2.2　基于统计抽样的软件缺陷预测

2.2.1　抽样方法

基本的抽样方法有两种类型。一种是过采样，即通过某种方式将少数类（有缺陷）样本扩充，使少数类样本和多数类样本数量相当，从而达到均衡的正负样本比例。另一种是欠采样，即通过某种方式对多数类（无缺陷）样本进行抽样，保持少数类样本不变而使多数类样本和少数类样本数量相当，从而实现正负样本比例均衡化。

在过采样方面，比较典型的一种方式是随机过采样（random over sampling，ROS）。该方法本质上是通过随机复制一定数量的少数类样本（有缺陷样本），使少数类样本和多数类样本数量达到均衡。这种方式不会产生样本信息丢失，但是较多的样本会集中在某个点，容易造成预测模型过拟合。另一种方式是通过人工合成新样本来扩充少数类样本，其可以缓解随机过采样导致的过多样本点集中在一个点的问题。该方式最流行的算法为合成少数过采样技术（synthetic minority oversampling technique，SMOTE）（Chawla et al.，2002）及 SMOTE 的改进版本，如 Borderline-SMOTE［可译为基于边界样本的 SMOTE，参见 Han 等（2005）］、*K*-means-SMOTE［可译为基于 *K* 均值的 SMOTE，参见 Last 等（2017）］。SMOTE 算法利用 *K*-近邻算法确定距离某个少数类样本最近的其他少数类样本点，在该样本点与近邻样本点之间的连线上生成新的少数类样本点。

在欠采样方面，比较典型的一种方法是随机欠采样（random under sampling，RUS）。它通过有放回或无放回地对多数类样本进行随机选择，最终达到均衡的正负样本比例。当数据集中两个类别的样本数量相差较大时，只选择多数类样本的其中一部分样本，会导致信息丢失较多；并且，选择不同样本组合成的新数据集的分布不同，将导致最终模型的预测效果差异较大（Ha and Lee，2016）。

怀卡托智能分析环境（Waikato environment for knowledge analysis，Weka）提供了较为全面的抽样方法。其中，随机重采样方法同时采用了随机过采样和随机欠采样。该抽样方法首先确定最终产生的数据集样本数量占原始数据集样本数量的比例。其次确定最终产生的数据集中的正负样本比例。最后，通过计算需要的正类（有缺陷）样本和负类（无缺陷）样本的数量，在原始数据集中进行随机欠采样和随机过采样，获得所需的均衡数据集。

2.2.2　基于抽样的软件缺陷各影响因素研究

1. 研究问题

抽样算法的目的是解决非均衡数据集中各类别样本数量相差较大的问题，其本质是通过将数据集各类别样本数量进行均衡化处理，使得缺陷预测算法能够均衡对待不同类别的样本。然而，不同的抽样方法、抽样后正负样本比例以及不同机器学习算法对软件缺陷预测效果的影响是未知的。因此，我们在 NASA MDP 软件的数据集上进行软件缺陷预测实验，并对实验结果进行统计分析。针对上述目的，我们提出以下三个研究问题。

研究问题 1：抽样比例（抽样后的正负样本比例）、抽样方法、机器学习算法对软件缺陷预测性能的影响如何？

研究问题 2：抽样方法能否显著提高软件缺陷预测性能？

研究问题 3：对于软件缺陷预测，是否存在最优的抽样方法、机器学习算法或方法组合（抽样方法与机器学习算法的组合）？

2. 实验设置

首先，对于抽样方法的选择，我们在过采样方法中选择具有代表性的 SMOTE；在欠采样中选择扩展子采样（spread subsampling）方法，其本质上是进行随机欠采样。之后在 Weka 中选择过采样和欠采样结合的重采样方法。其次，对于机器学习算法的选择，选择软件缺陷预测中最常用的 4 种机器学习算法，分别为 NB、C4.5（Weka 中又称为 J48）决策树、随机森林（random forest，RF）和 LR。最后，对于抽样比例 θ，为了获取不同抽样比例的数据集，设置抽样比例区间为 0.5 至 1.0，步长为 0.05，共 11 种不同的抽样比例。

具体实验框架设计如图 2.1 所示。第一步，将原始数据集按照 10 折交叉验证的方式划分为训练集和测试集。第二步，对训练集分别采用 3 种不同的抽样方式获取对应 θ 值的均衡化的训练集。第三步，利用 4 种机器学习算法分别在均衡化的训练集上进行训练，并用训练好的模型对测试集进行预测。为了获得实验结果的稳定性，我们采用 10 折交叉验证，并对所有实验结果取平均值。

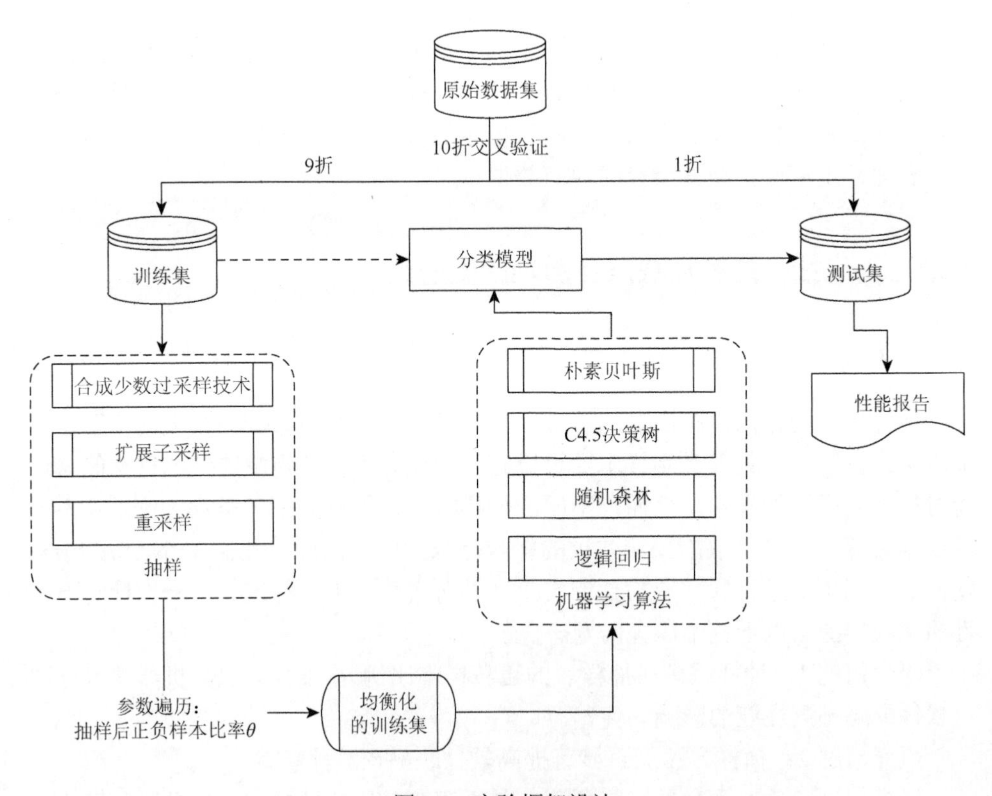

图 2.1　实验框架设计

3. 数据集

本节在实验中所使用的数据来自 NASA MDP 软件缺陷数据集，该数据集是目前最常用的开源软件缺陷数据集之一。该数据集包含 12 个软件项目的缺陷信息，具体信息如表 2.1 所示。一些研究指出该数据集存在数据噪声、偏差等问题（Ghotra et al.，2015；Gray et al.，2011）。由此，Shepperd 等（2013）提出了一系列的处理准则，将其中的重复数据和空值数据等剔除以得到较为干净的软件缺陷数据集。

表 2.1　NASA MDP 软件缺陷数据集具体信息

数据集	模块规模/个	特征数量/个	缺陷数量/个	非缺陷数量/个	缺陷百分比	语言
CM1	344	38	42	32	12.21%	C
JM1	9 593	22	1 759	7 834	18.34%	C
KC1	2 096	22	325	1 771	15.51%	C++
KC3	200	40	36	164	18.00%	Java
MC1	9 277	39	68	9 209	0.73%	C & C++
MC2	127	40	44	83	34.65%	C & C++
MW1	264	38	27	237	10.23%	C
PC1	759	38	61	698	8.04%	C
PC2	1 585	37	16	1 569	1.01%	C
PC3	1 125	38	140	985	12.44%	C
PC4	1 399	38	178	1 221	12.72%	C
PC5	17 001	39	503	16 498	2.96%	C

4. 模型评价指标

软件缺陷倾向性预测为一个二分类问题，因此，需要选择二分类的评价指标衡量缺陷预测模型的性能优劣。在缺陷数据集类别非均衡的背景下，准确度（accuracy）指标不再适用，因此，选择真阳性率（true positive rate，TPR）、假阳性率（false positive rate，FPR）、受试者操作特征（receiver operating characteristic，ROC）曲线下面积（area under the curve，AUC）和均衡性（balance）4 个指标作为衡量预测效果的指标。

TPR 也称召回率，表示有缺陷样本被正确识别的比率，具体计算如式（2.1）所示。其中，TP（true positive）表示实际为阳且预测为阳的样本数；FN（false negative）表示实际为阳但预测为阴的样本数。TPR 越高，代表有缺陷的样本被正确识别得越多。FPR 表示无缺陷样本被错误预测的比率，具体计算如式（2.2）所示。其中，FP（false positive）表示实际为阴但预测为阳的样本数；TN（true negative）表示实际为阴且预测为阴的样本数。FPR 越低，代表无缺陷的样本被正确识别得越多。AUC 是为 ROC 曲线下的面积，最大值为 1，其具体计算如式（2.3）所示，其中 M 表示有缺陷样本的数量，N 表示无缺陷样本的数量。AUC 能够很好地反映各个模型对各类别的区分能力，常常被用于衡量模型的综合预测效果。ROC 曲线上的一点（TPR, FPR）到点（1, 0）的距离，代表了该模型与最好的模型之间的差距。均衡性指标如式（2.4）所示，其通过 1 减去上述差距，衡量模型的预测效果。均衡性指标的值越大，说明该模型与最好模型之间的差距越小，模型的预测性能越好；反之，模型的预测性能就越差。

$$\mathrm{TPR}=\frac{\mathrm{TP}}{\mathrm{TP}+\mathrm{FN}} \tag{2.1}$$

$$\mathrm{FPR}=\frac{\mathrm{FP}}{\mathrm{FP}+\mathrm{TN}} \tag{2.2}$$

$$\mathrm{AUC}=\frac{\sum_{i\in \mathrm{TP}\cup \mathrm{FN}}\mathrm{rank}_i-\frac{M(M+1)}{2}}{M\times N} \tag{2.3}$$

$$\mathrm{balance}=1-\sqrt{(1-\mathrm{TPR})^2+\mathrm{FPR}^2} \tag{2.4}$$

5. 结果分析

针对研究问题 1，选择不均衡最严重的 PC2 数据集作为分析对象，AUC 综合性能指标作为被解释变量。本节设定显著性水平 α 为 0.05，并采用双因素方差分析（analysis of variance，ANOVA）对软件缺陷预测的 AUC 进行统计分析。

首先，将方法组合（抽样方法与机器学习算法的组合）、抽样比例作为两个影响 AUC 的因素，对不同的方法组合和抽样比例获得的 AUC 进行方差分析。其原假设为两个因素在各自不同水平下获得的 AUC 不存在显著性差异。该问题的方差分析结果如表 2.2 所示，可以发现，抽样比例的 p 值大于 0.05，表明其对缺陷预测的 AUC 值没有显著影响。抽样方法与机器学习算法的组合的 p 值远远小于 0.05，表明对于原假设的支持程度较低。因此，抽样方法与机器学习算法的组合能够显著影响软件缺陷预测的 AUC 性能指标。

表 2.2　方法组合与抽样比例的方差分析结果

差异源	SS	df	MS	*F*	*p* 值	*F* crit
方法组合	1.490 5	11	0.135 5	756.3	0.000 0	1.876 7
抽样比例	0.001 5	10	0.000 1	0.883 0	0.551 4	1.917 8
误差	0.019 706	110	0.000 2			
总计	1.511 706	131				

注：SS 为偏差平方和，df 为自由度，MS 为均方差，*F* 为 *F* 统计量，*F* crit 为 *F* 临界水平值

其次，进一步分析是否存在具有明显优势的抽样方法或机器学习算法。由上述的检验结果可知，抽样比例对预测结果没有显著影响。因此，对不同抽样比例下的 AUC 结果取平均值。将抽样方法、机器学习算法作为两个影响 AUC 的因素，并对上述平均 AUC 进行方差分析。表 2.3 展示了对抽样方法和机器学习算法的方差分析结果，二者对应的 p 值均大于 0.05。因此，抽样方法和机器学习算法并不能单独对软件缺陷预测结果产生显著影响。

表 2.3　抽样方法、机器学习算法的方差分析结果

差异源	SS	df	MS	F	p 值	F crit
抽样方法	0.026 424	2	0.013 212	1.868 971	0.233 912	5.14
机器学习算法	0.066 661	3	0.022 220	3.143 380	0.108 105	4.76
误差	0.042 414	6	0.007 069			
总计	0.135 499	11	0.042 501			

根据上述方差分析结果可知，抽样比例对软件缺陷预测的 AUC 值没有显著影响，抽样方法和机器学习算法不会单独对软件缺陷预测的 AUC 值产生显著影响，只有抽样方法和机器学习算法的组合能够显著影响软件缺陷预测的 AUC 性能指标。

对于研究问题 2，我们仍然采用 PC2 软件缺陷数据集为实验对象。表 2.4 和表 2.5 分别展示了不同抽样比例下，各方法组合在 PC2 数据集上的 AUC 指标和均衡性指标。表 2.4、表 2.5 中的 RE 代表重采样，SP 代表扩展子采样，抽样比例中除了 0.0102 代表原始数据的正负样本比例外，其余为设定的抽样比例。从表 2.4、表 2.5 中可以看出，抽样比例为 0.50 时，相较于不进行抽样，软件缺陷预测的大部分 AUC 指标和均衡性指标均会有明显上升。在不同抽样比例下，各方法组合的 AUC 指标和均衡性指标基本平稳，变化幅度不大。

表 2.4　不同抽样比例下，各方法组合在 PC2 数据集上的 AUC 指标

方法组合	抽样比例											
	0.0102	0.50	0.55	0.60	0.65	0.70	0.75	0.80	0.85	0.90	0.95	1
RE-J48	0.4773	0.5920	0.5864	0.5716	0.5761	0.5773	0.5955	0.5886	0.6159	0.5989	0.6091	0.6114
RE-LR	0.8159	0.7375	0.7420	0.7409	0.7545	0.7739	0.7330	0.7557	0.7807	0.7591	0.7705	0.7761
RE-NB	0.8443	0.8341	0.8420	0.8511	0.8659	0.8352	0.8307	0.8500	0.8420	0.8443	0.8375	0.8409
RE-RF	0.7000	0.7511	0.7420	0.7398	0.7591	0.7705	0.7864	0.7807	0.7466	0.7625	0.7534	0.7580
SMOTE-J48	0.4761	0.5727	0.5614	0.5432	0.5420	0.5761	0.5045	0.4886	0.5261	0.5193	0.5432	0.5250

续表

方法组合	抽样比例											
	0.0102	0.50	0.55	0.60	0.65	0.70	0.75	0.80	0.85	0.90	0.95	1
SMOTE-LR	0.8170	0.8500	0.8500	0.8500	0.8489	0.8511	0.8511	0.8489	0.8489	0.8500	0.8500	0.8500
SMOTE-NB	0.8455	0.8784	0.8795	0.8807	0.8784	0.8795	0.8784	0.8807	0.8795	0.8795	0.8807	0.8795
SMOTE-RF	0.6989	0.7659	0.8102	0.8125	0.8205	0.8068	0.7727	0.7898	0.8102	0.8170	0.7955	0.7943
SP-J48	0.4773	0.8364	0.8420	0.8500	0.8420	0.8477	0.8568	0.8591	0.8591	0.8545	0.8591	0.8636
SP-LR	0.8170	0.8011	0.8000	0.7977	0.8000	0.8068	0.8136	0.8080	0.8080	0.8159	0.8023	0.7955
SP-NB	0.8443	0.8511	0.8523	0.8534	0.8523	0.8489	0.8568	0.8636	0.8636	0.8659	0.8659	0.8636
SP-RF	0.7000	0.8716	0.8739	0.8795	0.8750	0.8750	0.8818	0.8898	0.8898	0.8886	0.8784	0.8920

表 2.5　不同抽样比例下，各方法组合在 PC2 数据集上的均衡性指标

方法组合	抽样比例											
	0.0102	0.50	0.55	0.60	0.65	0.70	0.75	0.80	0.85	0.90	0.95	1
RE-J48	0.0066	0.2064	0.1951	0.1629	0.1761	0.1761	0.2140	0.2008	0.2576	0.2254	0.2443	0.2500
RE-LR	0.0455	0.2670	0.2860	0.2860	0.2936	0.3106	0.3049	0.2992	0.2746	0.3182	0.3163	0.2936
RE-NB	0.2008	0.3011	0.3087	0.3523	0.3485	0.3447	0.3731	0.3504	0.3598	0.3617	0.3617	0.3731
RE-RF	0.0057	0.0360	0.0341	0.0455	0.0398	0.0530	0.0625	0.0700	0.0625	0.0322	0.0701	0.0814
SMOTE-J48	0.0057	0.2879	0.3106	0.3011	0.2803	0.2670	0.2633	0.2500	0.2822	0.2822	0.2822	0.2481
SMOTE-LR	0.0436	0.4318	0.4678	0.5000	0.4981	0.5360	0.5227	0.5284	0.5265	0.5530	0.5871	0.5739
SMOTE-NB	0.1970	0.5587	0.5455	0.5530	0.5587	0.5530	0.5587	0.5587	0.5587	0.5568	0.5587	0.5587
SMOTE-RF	0.0076	0.1193	0.1326	0.1250	0.1193	0.1572	0.0947	0.1193	0.1439	0.1572	0.1875	0.1250
SP-J48	0.0133	0.7008	0.7121	0.7348	0.7292	0.7330	0.7405	0.7462	0.7443	0.7386	0.7481	0.7576
SP-LR	0.0473	0.6193	0.6231	0.6250	0.6269	0.6458	0.6761	0.6667	0.6667	0.6723	0.6629	0.6648
SP-NB	0.1989	0.6515	0.6496	0.6326	0.6269	0.6288	0.6326	0.6439	0.6458	0.6458	0.6364	0.5985
SP-RF	0.0133	0.6780	0.6761	0.7008	0.6970	0.7027	0.7121	0.7311	0.7348	0.7367	0.7159	0.7443

通过对 PC2 数据集的软件缺陷预测结果进行分析，可以看出，任何一种抽样方法都能够显著提高机器学习算法的软件缺陷预测效果。但是，不同抽样方法对不同机器学习算法的软件缺陷预测效果提高程度不同。

对于研究问题 3，前文已经验证，抽样方法、机器学习算法不能单独对缺陷预测的 AUC 指标产生显著影响。因此，这里主要探讨是否存在最优的抽样方法与机器学习算法的组合。

不同抽样比例下，各方法组合的软件缺陷预测结果并没有显著差异。因此，对于每个数据集，我们以每个方法组合的软件缺陷预测结果的平均值表示其在该数据集上的软件缺陷预测结果。图 2.2～图 2.5 展示了各方法组合在 12 个软件缺陷数据集上的 AUC、TPR、FPR 和均衡性指标的分布。其中，AUC 和均衡性指标代表了各方法组合的缺陷预测综合性能。首先，由图 2.2 可以看出，方法组合 RE-RF、SMOTE-LR、SMOTE-RF 和 SP-RF 的 AUC 值相差不大，为排名最高的四个方法组合。结合图 2.5 来看，SP-RF 的均衡性指标在所有的方法组合中是最好的。因此，SP-RF 拥有最好的综合性能。其次，通过图 2.3 可以看出，SP-RF 的 TPR 是最高的，相较于其他方法组合具有较大优势。最后，由图 2.4 可知，SP-RF 相较于其他的方法组合有较高的 FPR，说明其容易将无缺陷模块识别为有缺陷模块。

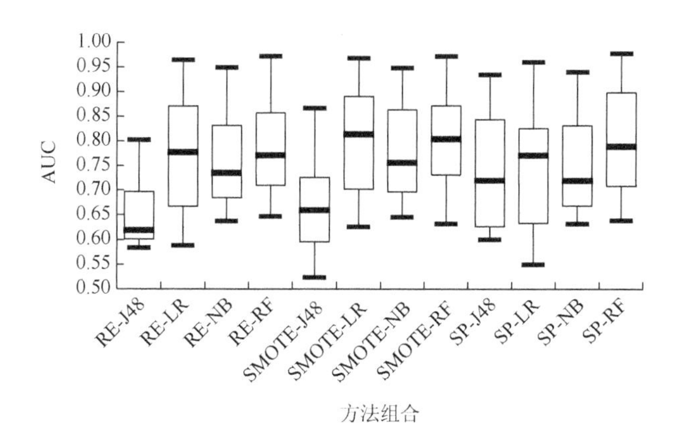

图 2.2　各方法组合在 12 个软件缺陷数据集上的 AUC 指标的分布

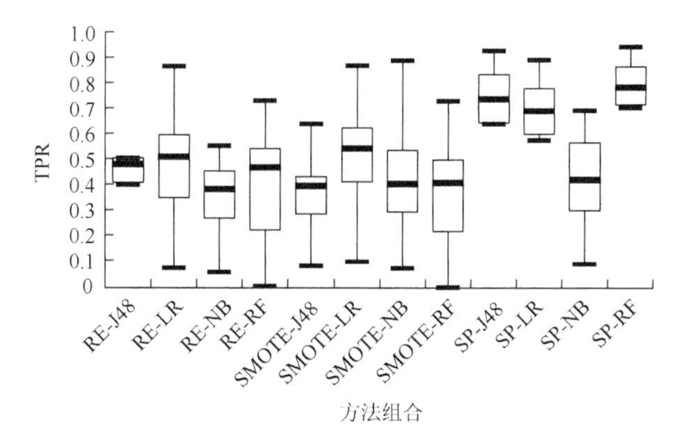

图 2.3　各方法组合在 12 个软件缺陷数据集上的 TPR 指标的分布

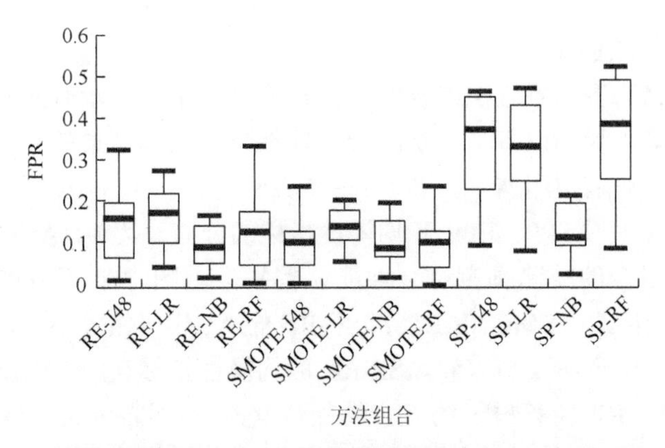

图 2.4　各方法组合在 12 个软件缺陷数据集上的 FPR 指标的分布

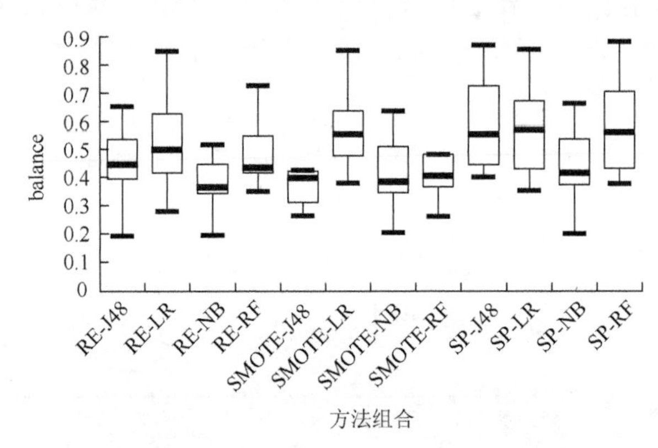

图 2.5　各方法组合在 12 个软件缺陷数据集上的均衡性指标的分布

虽然 SP-RF 在 FPR 指标上的表现要差于其他方法组合，但是，其缺陷预测的综合性能是最好的，且能够获得最高的 TPR。Menzies 等（2007）认为，在软件缺陷预测的实践中，即使在其他指标不够好的情况下，获得较高的 TPR 仍然具有十分重要的意义。因此，SP-RF 是各方法组合中最具优势的方法组合。

2.2.3　内置均衡化抽样的自适应随机森林算法

1. 算法介绍

根据 2.2.2 节的分析可知，SP-RF 在所有的缺陷预测方法组合中最具优势，然而其在 FPR 指标上表现较差。其原因是采样过程会引入噪声，即随机森林中每棵决策树使用含相同噪声的数据训练，导致噪声对训练结果的影响逐渐放大。针对该问题，我们提出内置均衡化抽样的自适应随机森林（inner-balanced sampling based adaptive-random forest，IBSBA-RF）算法。该算法将均衡化抽样过程设置在 Bootstrap（自举）采样过程后，使随机森林中的每棵决策树使用不同的抽样数据进行训练，减轻噪声累积对缺陷预测的影响。

IBSBA-RF 算法的伪代码如图 2.6 所示。其输入为需要建立的决策树数量 k 、随机选择属性的数量 f 、训练数据集 $\mathrm{DS_{tr}}=\{x_1,x_2,\cdots,x_n\}$ ；输出为训练好的决策树集合 T 。其具体过程如下：①初始化一个存储决策树的空集合 T ；②对训练集进行 Bootstrap 抽样，获得样本子集 Z ；③对获得的样本子集 Z 按照抽样比例 θ 进行扩展子采样，获取均衡化的数据集 Z_{bal} ；④通过函数 RandomSelAttr 随机选择 f 个属性，获得用于建立 C4.5 决策树的数据集 $Z_{\mathrm{bal}}^{\mathrm{sel}}$ ；⑤使用 $Z_{\mathrm{bal}}^{\mathrm{sel}}$ 对 C4.5 决策树进行训练，获得训练好的决策树 D_i ；⑥将训练好的决策树 D_i 加入集合 T 中；⑦重复执行②～⑥ k 次，直到决策树集合 T 建立。

```
输入：C4.5决策树的数量k，随机选择属性的数量f，训练数据集DS_tr
输出：决策树集合T
过程：
1. 初始化：T = {}
2. For i = 1 to k do:
3. Z = Bootstrap(DS_tr)
4. Z_bal = SpreadSubsampling(Z,θ)
5. Z_bal^sel = RandomSelAttr(Z_bal, f)
6. D_i = DecisionTree(Z_bal^sel)
7. add (T,D_i)
8. endFor
9. return T
```

图 2.6　IBSBA-RF 算法伪代码

在 IBSBA-RF 算法中，每个样本的预测结果通过投票获得。如式（2.5）所示，当所有决策树的结果之和大于 0 时，输出预测结果为 1，代表该样本为有缺陷样本；当所有决策树的结果之和小于 0 时，输出预测结果为–1，代表该样本为无缺陷样本。

$$T(x)=\operatorname{sign}\left(\sum_{i=1}^{k}D_i(x_j)\right) \tag{2.5}$$

2. 实验结果分析

为了评估 IBSBA-RF 算法的软件缺陷预测性能，在类不均衡最严重的 PC2 数据集和类不均衡适中的 KC1 数据集上进行实验。同样为了实验结果的可靠性和稳定性，采用 10 折交叉验证对所有的结果取均值，并将 IBSBA-RF 的缺陷预测结果和 SP-RF 进行比较，验证算法改进的有效性。

图 2.7 和图 2.8 分别展示了在 PC2 和 KC1 数据集上，SP-RF 和 IBSBA-RF 的缺陷预测各指标随抽样比例的变化。从图 2.7 中可以看出，在 PC2 数据集上，IBSBA-RF 比 SP-RF 在 AUC 指标上提高了约 5 个百分点，在均衡性指标上提高了约 10 个百分点，在 FPR 指标上降低了约 7 个百分点，在 TPR 指标上变化不大。在 KC1 数据集上，相较于 SP-RF，IBSBA-RF 在 AUC 和均衡性指标上提高了约 3 个百分点，在 FPR 指标上降低了约 5 个百分点，在 TPR 指标上基本保持不变。

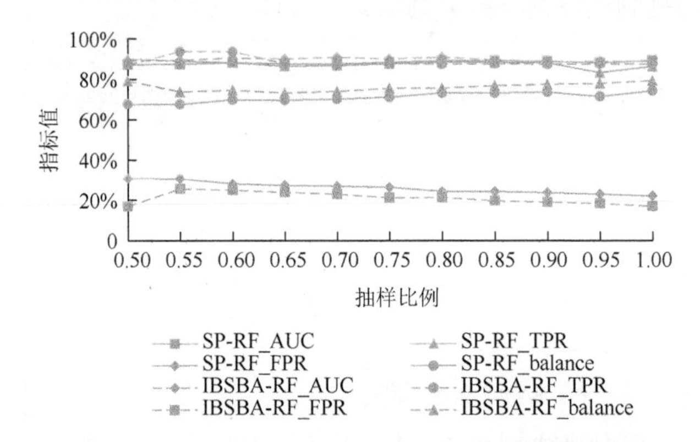

图 2.7　SP-RF 和 IBSBA-RF 在 PC2 上的缺陷预测效果

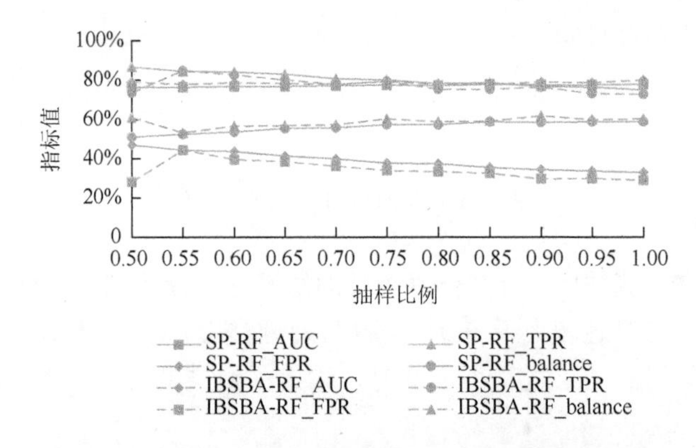

图 2.8　SP-RF 和 IBSBA-RF 在 KC1 上的缺陷预测效果

综上所述，IBSBA-RF 相较于 SP-RF 有更好的软件缺陷预测性能，其在获得更高的综合预测性能基础上，能够有效降低 FPR。因此，IBSBA-RF 的改进是有效的，它有效地降低了抽样过程中的噪声影响。

2.3　基于特征过滤的软件缺陷预测

2.3.1　软件度量元设计

我们收集的软件缺陷数据集包含了代码度量元、过程度量元和开发人员度量元。其中，代码度量元和过程度量元已经被广泛应用，这里主要介绍开发人员度量元的设计。现有研究表明，不同开发人员在相同的程序结构上出错的概率相差很大（Jiang et al.，2013），他们有不同的编码风格、提交模式，其自身特征对软件质量会产生很大影响（Ostrand et al.，2010）。因此，我们针对开发人员自身特征，在项目经验、代码所有权、编码和提交风格、注意力、能力五方面对其进行综合度量。

第一，对于开发人员的项目经验度量，包含三方面。①整体项目经验，通过对开发人员在整个项目中的提交次数进行统计获得。②时间加权整体项目经验，其计算过程如下：首先，统计每次提交的时间与当前版本发布时间的间隔；其次，将该时间间隔的倒数作为权重对每个时间点的提交次数进行加权。③项目模块经验，通过统计开发人员在某个项目文件上的提交次数获得。

第二，对于开发人员的代码所有权度量，分别在提交层面和代码行层面进行。两者的过程基本相同，这里以提交层面为例进行说明。具体来讲，将平均每个开发人员在每个文件上的提交比例定义为划分标准，用于区分主要开发人员和次要开发人员。然后，统计某文件对应的开发人员提交次数占该文件总提交次数的比例。若该比例大于上述划分标准，则为主要开发人员，反之，为次要开发人员。之后，计算每个模块对应的开发人员中主要开发人员的平均模块数量，以及次要开发人员的平均模块数量。最后，统计每个模块提交次数最多的开发人员的提交比例。

第三，对于开发人员的编码和提交风格进行度量是为了衡量其对开发人员代码熟悉程度的影响。一方面，开发人员对代码的熟悉程度会随着时间间隔的增加而降低（Shaft and Vessey，2006）。开发人员提交时间间隔越长，对代码熟悉程度逐渐降低，越容易在修改过程中引入缺陷。另一方面，开发人员编写注释的详细程度会影响其后期对代码的维护，注释越详细，其自身或其他开发人员越容易熟悉该代码的含义。因此，设计开发人员的工作散度（平均提交时间间隔）和平均代码注释比两个度量元。

第四，对于开发人员的注意力，成功的任务表现需要开发人员有足够的注意力，并将其合理分配（Allan et al.，2009）。开发人员的注意力是有限的，一次修改涉及的模块数量越多，那么阅读缺陷报告或需求报告越需要更多的注意力。同时，这也会导致分配给单个模块的注意力越少，从而越可能引入缺陷。开发人员对每个修改文件的注意力和每次提交的文件数量成反比，因此，可以用开发人员每次提交文件数的倒数的平均值来表示开发人员的注意力。

第五，对于软件的构建和维护要求开发人员具有较强的编码能力以及诊断和响应软件缺陷、软件异常的能力（Reason，1990）。因此，可以在缺陷解决和编码两方面对开发人员能力进行度量。

一方面，通过开发人员解决缺陷的属性度量其解决缺陷的能力。软件缺陷管理系统 Jira 和 Bugzilla 记录了缺陷的各种信息。其中，缺陷严重程度和优先级是衡量缺陷破坏程度与修复紧急程度的属性，是对一个缺陷解决难易程度的综合描述。将 Bugzilla 和 Jira 中的缺陷严重程度按照从低到高的顺序赋值，由 1 开始，每增加一个等级赋值加 1。另外，将 Bugzilla 中的缺陷优先级按照 P5 到 P1，分别赋值为 1 到 5。为简单起见，此处使用开发人员解决缺陷的严重程度和优先级的加权来度量其解决缺陷的能力，权重为解决缺陷的严重程度与最高严重程度的比值。

另一方面，通过开发人员参与编写的类的属性衡量其编码能力。当一个功能模块涉及的类层次越深或范围越大时，其纵向或横向实现难度越大。因此，可以通过开发人员参与类的平均类继承深度、平均直接子类数量衡量其编码能力。

2.3.2　软件缺陷预测中的特征处理

软件缺陷数据由两部分组成，一部分是软件模块的度量元数据，另一部分是模块的缺陷标签。软件缺陷预测模型本质上是建立度量元和标签之间的数学关系，因此，其性能上限取决于所设计的软件度量元及收集数据的质量。

一些研究认为，在软件缺陷预测中，软件度量元存在以下两个问题：①度量元冗余问题，不是所有的软件度量元都适用于软件缺陷预测；②原始缺陷数据结构的复杂性给缺陷预测模型的性能带来较大的挑战。

为了更好地进行软件缺陷预测，对软件缺陷数据集中的度量元进行处理是必要的。在软件缺陷预测中，有三种常用的度量元处理方法：①基于包装的特征选择方法；②基于过滤的特征选择方法；③特征变换方法。

第一，基于包装的特征选择方法是一种与模型相关的方法，在这类方法中，不同的缺陷预测模型可能获得不同的选择结果。首先，该方法使用贪婪搜索（Laradji et al.，2015）或其他搜索算法（Anbu and Anandha Mala，2019）获得度量元子集。然后，在每次搜索得到的度量元子集上训练、测试缺陷预测模型，直到获得使模型预测效果最好的度量元子集。基于包装的特征选择方法每次都需要建立缺陷预测模型，因此计算时间较长。

第二，基于过滤的特征选择方法是一种与模型无关的方法，其选择结果只与缺陷数据集相关。对于该方法，特征评估指标是最重要的，这些评估指标可以是相关性、距离、依赖性、一致性等（Cai et al.，2018）。比如，CFS（correlation-based feature selecion，基于相关性的特征选择）方法是软件缺陷预测中常用的方法，其根据类别标签与度量元、不同度量元之间的相关性进行度量元选择（Arar and Ayan，2017）。基于过滤的特征选择方法不一定能够获得使缺陷预测模型性能最好的度量元子集，但是，其计算速度比基于包装的方法更快。

第三，特征变换方法基于以下假设：原始度量元不能合适地表达缺陷数据的基本结构，导致不能获得有效的缺陷预测模型。因此，特征变换方法首先寻找一个映射函数。然后，将原始数据映射到某个空间，该空间既能够保留原始数据的方差信息，又能够揭示隐藏的原始缺陷数据结构。在软件缺陷预测中，核函数（Xu et al.，2019a）、流形学习（Wei et al.，2019）、深度学习（Tong et al.，2018）等方法常被用于进行特征变换。

2.3.3　基于过滤的软件缺陷预测算法 FilterPre

1. 实验设置

为了实验结果的稳定性，我们采用 5 折交叉验证方式以获取最终缺陷预测的性能。为了综合分析 FilterPre 的缺陷预测效果，我们选取基于核主成分分析和加权极限学习机的方法［the method with kernel principal component analysis and weighted extreme learning machine，KPWE，参见 Xu 等（2019a）］、局部切线空间对齐支持向量机［local tangent space alignment support vector machine，LTSA-SVM，参见 Wei 等（2019）］方法，以及结合叠加去噪自编码器和集成学习的两阶段集成方法［two-stage ensemble method with stacked denoising auto-encoders and ensemble learning，SDAEsTSE，参见 Tong 等（2018）］这三个在软件缺陷预测中表现较好的方法作为基线方法。表 2.6 展示了各基线方法的参数设置。

表 2.6　各基线方法的参数设置

项目	方法	参数设置
Kafka	LTSA-SVM	$K=70$, $d=45$，$C=100$，gamma $=100$
	KPWE	$d=45$，$q=35$
	SDAEsTSE	(100, 150, 40, corruption ratio = 0.3)
Kylin	LTSA-SVM	$K=50$，$d=20$，$C=1000$, gamma $=100$
	KPWE	$d=50$，$q=50$
	SDAEsTSE	(100, 150, 30, corruption ratio = 0.2)

续表

项目	方法	参数设置
Ant	LTSA-SVM	$K=80$，$d=50$，$C=1000$, gamma = 100
	KPWE	$d=50$，$q=50$
	SDAEsTSE	(100, 150, 50, corruption ratio = 0.4)
Tomcat	LTSA-SVM	$K=120$，$d=50$，$C=1000$, gamma = 1
	KPWE	$d=45$，$q=50$
	SDAEsTSE	(100, 150, 20, corruption ratio = 0.2)

注：K 为聚类个数，d 为距离阈值，C 为 SVM 的误分类代价，gamma 为 SVM 的核函数参数，q 为极限学习机参数，corruption ratio（一般译为噪声比例）为 SDAEsTSE 参数

2. 数据集介绍

实验使用的数据集是收集的 4 个开源项目的缺陷数据，分别为 Kafka-2.0.0、Kylin-2.0.0、Ant-1.7.0 和 Tomcat-8.5.0。其具体的统计信息如表 2.7 所示，可以看出 4 个数据集都是类别非均衡的，有缺陷的样本数量只占总样本数量的少数。其中，Ant-1.7.0 和 Tomcat-8.5.0 项目缺陷数据的非均衡程度比 Kylin-2.0.0 和 Kafka-2.0.0 项目缺陷数据的非均衡程度更加严重。

表 2.7 收集的开源项目缺陷数据集信息统计

数据集	总方法数量/个	缺陷方法数量/个	缺陷百分比	度量元数量/个
Kafka-2.0.0	10 504	1 231	11.72%	58
Kylin-2.0.0	7 077	778	10.99%	58
Ant-1.7.0	10 868	305	2.81%	58
Tomcat-8.5.0	19 487	557	2.86%	58

3. FilterPre 整体框架

FilterPre 模型的整体框架如图 2.9 所示。首先，底层为模型的输入层，输入向量为$[x_{c,1},\cdots,x_{c,m},x_{p,1},\cdots,x_{p,n},x_{d,1},\cdots,x_{d,s}]$，其中 $x_{c,\cdot}$、$x_{p,\cdot}$ 和 $x_{d,\cdot}$ 分别代表代码、过程和开发人员三种度量元。之后，向上为 Filter 层，该层负责对度量元进行过滤，被 Filter 层过滤的度量元重置为 0，保留的度量元将被赋予权重。经过 Filter 层后，原始的数据输入变为$[x'_{c,1},\cdots,x'_{c,m},x'_{p,1},\cdots,x'_{p,n},x'_{d,1},\cdots,x'_{d,s}]$。Filter 层后为两层隐藏层 $h^{(1)}$ 和 $h^{(2)}$。具体而言，$h^{(1)}$ 层为带有移除（dropout）和批量归一化（batch normalization）操作的全连接层（fully connected layer），其中移除操作用于防止模

型过拟合，批量归一化操作用于加速模型收敛。$h^{(2)}$ 层为带有批量归一化操作的全连接层。最后为模型的输出层，输出层的输出数据为模块有缺陷的概率。

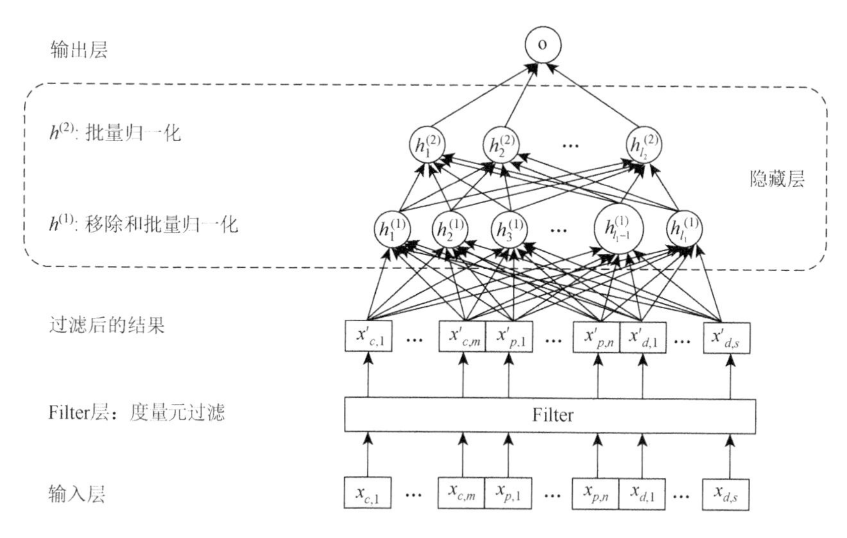

图 2.9　FilterPre 模型的整体框架

4. FilterPre 的具体实现

首先，第一层为 FilterPre 的输入层。输入变量由三部分组成，分别为代码度量元 $x_{c,\cdot} \in R^{|m|}$，过程度量元 $x_{p,\cdot} \in R^{|n|}$，开发人员度量元 $x_{d,\cdot} \in R^{|s|}$。这三部分组成总的输入 $x = (x_{c,\cdot}, x_{p,\cdot}, x_{d,\cdot}) \in R^{|m+n+s|}$，其中 $m=37$，$n=6$，$s=15$。设定每批数据的大小为 batch_size，因此，一次输入的数据为一个矩阵 $X \in R^{|\text{batch\_size}\times(m+n+s)|}$。

Filter 层的具体计算如式（2.6）所示。首先，根据均匀分布 $U(0.5,1.0)$ 生成权重向量 $w_F \in R^{|m+n+s|}$。然后，将权重向量 w_F 复制 batch_size 份以获得权重矩阵 $W_F \in R^{|\text{batch\_size}\times(m+n+s)|}$。接下来，使用线性整流函数（rectified linear unit，ReLU）对矩阵 W_F 进行非线性变换，获得矩阵 W_F^a。最后，将 W_F^a 和数据 X 进行 Hardmard 积运算，并将运算结果输入双曲正切函数 tanh 中，以获得 Filter 层的输出 X'。

$$
\begin{aligned}
& w_F \sim U(0.5,1.0),\ W_F = [w_F, w_F, \cdots, w_F]^{\mathrm{T}}_{\text{batch\_size}} \\
& W_F^a = \mathrm{ReLU}(W_F),\ X' = \tanh(W_F^a \odot X)
\end{aligned}
\tag{2.6}
$$

Filter 层的作用是对软件度量元进行过滤，该过程是自动进行的。实现度量元自动过滤依赖于 ReLU、L1 正则化和 JS 散度（Jensen-Shannon divergence）。首先，如式（2.7）所示，ReLU 对大于 0 的输入，输出其自身，对小于或等于 0 的输入，输出 0。其次，L1 正则化将 Filter 层的权重加入模型损失函数中，限制 Filter 层的权重在较小的范围内变化。最后，借鉴稀疏自编码器限制神经元激活的方式，通过提前设置较小的激活度ρ，使用 JS 散度限制 Filter 层的输出大小。通过以上方式结合反向传播（back propagation，BP）算法，对 Filter 层权重进行更新，可以实现对度量元的自动过滤。

$$\mathrm{ReLU}(x)=\begin{cases}x, & x>0\\ 0, & x\leqslant 0\end{cases} \tag{2.7}$$

在 Filter 层之上为两个隐藏层$h^{(1)}$和$h^{(2)}$。其中，$h^{(1)}$为带有移除和批量归一化操作的全连接层。实验中，设置该层的神经元数量为输入变量数量的 2 倍，设置移除的比率为 0.5，该比率是最常用的（Srivastava et al.，2014）。$h^{(2)}$为带有批量归一化操作的全连接层，其神经元数量设置为输入变量的数量。

最后一层为输出层。如式（2.8）所示，输出层采用 sigmoid 函数作为激活函数，其输出值代表对应样本有缺陷的概率。数据是分批进行输入，所以，最终获得的输出为所有输入样本有缺陷的概率向量，其中$P\in R^{|\mathrm{batch_size}\times 1|}$。

$$P=\mathrm{sigmoid}(W^{(o)}H_{\mathrm{out}}^{(2)}+b^{(o)}) \tag{2.8}$$

FilterPre 的损失函数如式（2.9）所示，其包括三部分，其中ω和β为正则化参数。第一部分为焦点损失（focal loss），用于处理非均衡问题。第二部分和第三部分均用于度量元过滤。第二部分为 Filter 层权重正则化项，这里使用的是矩阵W_F^a的第一行向量。第三部分为 JS 散度，用 Filter 层的输出与设置的激活度ρ计算 JS 散度，限制 Filter 层的输出。在实验中，将ω和β设置为 1，将激活度ρ设置为 0.02。

$$\begin{aligned}\mathrm{loss}=&\ \mathrm{focal\ loss}+\frac{\beta}{m+n+s}\sum_{j=1}^{m+n+s}|w_{F(1,j)}^{a}|\\ &+\frac{\omega}{\mathrm{batch\_size}\times(m+n+s)}\sum_{i=1}^{\mathrm{batch\_size}}\sum_{j=1}^{m+n+s}\mathrm{JS}(\rho\,\|\,x'_{i,j})\end{aligned} \tag{2.9}$$

具体地，focal loss 是 Lin 等（2017）提出的损失函数，该函数用于解决在大量候选区中选择少数目标区域的问题。在软件缺陷预测中，有缺陷模块仅占模块总数量的少数。因此，将 focal loss 函数作为 FilterPre 模型损失函数的一部分，处理缺陷预测中的非均衡问题。

在软件缺陷预测的背景下，focal loss 函数如式（2.10）所示。其中α_t代表不同类别样本的权重，正类（有缺陷）的权重大，负类（无缺陷）的权重小。不失一般性地，设两种类别权重之和为 1。p_t代表模块被预测为有缺陷的概率。γ为调制系数，对于容易正确预测的样本，使其损失变小得更多；对于较难预测的样本，使其损失变小得更少。

$$\mathrm{focal\ loss}(p_t)=-\alpha_t(1-p_t)^{\gamma}\ln(p_t) \tag{2.10}$$

5. 实验结果及分析

为了综合评价 FilterPre 的预测性能，设置以下 3 个研究问题对其参数设置和性能进行全面分析。

研究问题 1：FilterPre 的超参数对软件缺陷预测性能的影响如何？最优的超参数应该设置为多少？

研究问题 2：Filter 层对 FilterPre 的软件缺陷预测效果影响如何？

研究问题 3：FilterPre 的缺陷预测性能与基线方法相比孰优孰劣？

1）对研究问题 1 的实验分析

Lin 等（2017）经过实验，给定了图像检测任务中的 focal loss 函数的超参数值。然而，在软件缺陷预测任务中，其数据集以及非均衡程度与图像检测是完全不同的。因此，需要重新对最优超参数进行搜索。在 focal loss 函数中，需要调节的超参数为α和γ。其中，α为平衡因子，其作用是调节少数类（有缺陷）样本与多数类（无缺陷）样本之间的损失均衡。一般而言，有缺陷样本被错误预测的损失更大。γ为调制系数，其作用是使模型更关注较难准确预测的样本，当其为 0 时，focal loss 转化为传统的加权交叉熵。

具体地，对于超参数α，设置其范围为 0.2 到 0.8，步长为 0.2；对于超参数γ，设置其范围为 0 到 2，步长为 0.25，共得到 36 种参数组合。表 2.8～表 2.11 和表 2.12～表 2.15 分别展示了不同参数组合下的 Kafka、Kylin、Ant、Tomcat 项目缺陷预测的 F1 分数（F1 score）和召回率。首先，从表 2.8～表 2.11 可以看出：随着γ的增大，FilterPre 的 F1 分数大致呈现先增大后减小的趋势；一般在α为 0.6 时，F1 分数能够达到最好水平。其次，从表 2.12～表 2.15 中可以看出：FilterPre 的召回率同样随着γ的增加，大致呈现先增大后减小的规律；一般α为 0.8 时，召回率能够达到最高水平。

表 2.8　不同参数组合下的 Kafka 项目缺陷预测的 F1 分数

γ	α			
	0.2	0.4	0.6	0.8
0.00	0.5922	0.7500	0.7789	0.7349
0.25	0.5779	0.6800	0.7439	0.7537
0.50	0.6320	0.7566	0.7493	0.7607
0.75	0.5703	0.7102	0.7673	0.7485
1.00	0.5259	0.7244	0.7906	0.7253
1.25	0.5385	0.7164	0.7173	0.7236
1.50	0.5392	0.7042	0.7145	0.6398

续表

γ	α			
	0.2	0.4	0.6	0.8
1.75	0.5499	0.7053	0.7328	0.6851
2.00	0.5320	0.6506	0.7321	0.6652

表 2.9 不同参数组合下的 Kylin 项目缺陷预测的 F1 分数

γ	α			
	0.2	0.4	0.6	0.8
0.00	0.6938	0.7619	0.7981	0.7573
0.25	0.6722	0.7263	0.7818	0.7739
0.50	0.5653	0.7158	0.7660	0.7403
0.75	0.6722	0.7231	0.7286	0.7358
1.00	0.5826	0.6950	0.7639	0.7335
1.25	0.6122	0.6201	0.7273	0.7362
1.50	0.5851	0.7273	0.7699	0.6914
1.75	0.5619	0.7090	0.7537	0.7449
2.00	0.4759	0.6106	0.7344	0.7534

表 2.10 不同参数组合下的 Ant 项目缺陷预测的 F1 分数

γ	α			
	0.2	0.4	0.6	0.8
0.00	0.5970	0.5946	0.6345	0.6000
0.25	0.5354	0.5630	0.6705	0.6455
0.50	0.3871	0.5882	0.7089	0.5991
0.75	0.5672	0.6968	0.7044	0.6250
1.00	0.4274	0.5039	0.6545	0.6851
1.25	0.3826	0.5915	0.6294	0.5967
1.50	0.4390	0.5594	0.6328	0.6162
1.75	0.3833	0.5821	0.5786	0.6138
2.00	0.3826	0.3200	0.5644	0.5550

表 2.11 不同参数组合下的 Tomcat 项目缺陷预测的 F1 分数

γ	α			
	0.2	0.4	0.6	0.8
0.00	0.5175	0.7616	0.7593	0.7059
0.25	0.6091	0.8027	0.7723	0.6684

续表

γ	α			
	0.2	0.4	0.6	0.8
0.50	0.6562	0.7345	0.7925	0.7034
0.75	0.5130	0.7500	0.7781	0.6053
1.00	0.6324	0.7785	0.7450	0.6877
1.25	0.5984	0.7384	0.7178	0.6893
1.50	0.5368	0.6804	0.7671	0.6725
1.75	0.5926	0.6882	0.6815	0.6250
2.00	0.5902	0.6690	0.6920	0.6368

表 2.12　不同参数组合下的 Kafka 项目缺陷预测的召回率

γ	α			
	0.2	0.4	0.6	0.8
0.00	0.4309	0.6341	0.7398	0.8266
0.25	0.4173	0.5528	0.6612	0.8211
0.50	0.4770	0.6612	0.7127	0.8401
0.75	0.4065	0.6043	0.7507	0.8509
1.00	0.3713	0.6125	0.7263	0.8266
1.25	0.3794	0.5989	0.6531	0.8266
1.50	0.3821	0.5935	0.6612	0.7967
1.75	0.3957	0.5772	0.7209	0.8049
2.00	0.3713	0.5122	0.7073	0.8293

表 2.13　不同参数组合下的 Kylin 项目缺陷预测的召回率

γ	α			
	0.2	0.4	0.6	0.8
0.00	0.5494	0.6524	0.7296	0.7768
0.25	0.5193	0.6094	0.6996	0.7639
0.50	0.3991	0.5837	0.6953	0.7768
0.75	0.5193	0.6052	0.6567	0.7768
1.00	0.4163	0.5622	0.7082	0.7382
1.25	0.4506	0.4764	0.6352	0.7425
1.50	0.4206	0.6009	0.7253	0.7983
1.75	0.3991	0.5751	0.6567	0.7768
2.00	0.3176	0.4678	0.6052	0.7210

表 2.14　不同参数组合下的 Ant 项目缺陷预测的召回率

γ	α			
	0.2	0.4	0.6	0.8
0.00	0.4348	0.4783	0.5000	0.6522
0.25	0.3696	0.4130	0.6304	0.6630
0.50	0.2609	0.4348	0.6087	0.7065
0.75	0.4130	0.5870	0.6087	0.6522
1.00	0.2717	0.3478	0.5870	0.6739
1.25	0.2391	0.4565	0.4891	0.5870
1.50	0.2935	0.4348	0.6087	0.6630
1.75	0.2500	0.4239	0.5000	0.6304
2.00	0.2391	0.2174	0.5000	0.6304

表 2.15　不同参数组合下的 Tomcat 项目缺陷预测的召回率

γ	α			
	0.2	0.4	0.6	0.8
0.00	0.3533	0.6407	0.6707	0.7545
0.25	0.4431	0.7066	0.7006	0.7725
0.50	0.5030	0.6048	0.7545	0.8024
0.75	0.3533	0.6287	0.7246	0.8263
1.00	0.4790	0.6946	0.6647	0.7844
1.25	0.4371	0.6168	0.6168	0.7904
1.50	0.3713	0.5928	0.6707	0.6946
1.75	0.4311	0.5749	0.6407	0.7485
2.00	0.4311	0.5808	0.5988	0.7665

为了在 F1 分数和召回率之间取得平衡，对每个项目下的 focal loss 的参数进行如下设置：Kafka 项目最优的超参数组合设置为$\alpha=0.8$、$\gamma=0.5$，Kylin 项目最优的超参数组合设置为$\alpha=0.8$、$\gamma=0.25$，Tomcat 项目最优的超参数组合设置为$\alpha=0.6$、$\gamma=0.5$，Ant 项目最优的超参数组合设置为$\alpha=0.6$、$\gamma=0.5$。

2）对研究问题 2 的实验分析

为了研究 Filter 层对 FilterPre 软件缺陷预测效果的影响，我们设置与 FilterPre 模型同样的网络结构，并将 Filter 层移除，同时在损失函数中只保留 focal loss 一项，将该模型命名为 Normal-DL（normal deep learning，正则化深度学习）。将 Normal-DL 与 FilterPre 的软件缺陷预测性能进行对比，进而探究 Filter 层对 FilterPre 软件缺陷预测性能的影响。

表 2.16 展示了 FilterPre 和 Normal-DL 在四个项目上的软件缺陷预测结果。首先，

在 Kafka、Kylin 和 Tomcat 项目上，FilterPre 模型在各度量指标上都比 Normal-DL 模型更好。在 FPR 指标上，虽然两者相差不是太大，但是，软件缺陷数据集中无缺陷的样本占比较大，较小的差距也会带来模型综合预测性能的较大下降。其次，在 Ant 项目上，两者的差距最为明显。虽然 Normal-DL 在 FPR 上优于 FilterPre 模型，但是，FilterPre 模型能识别出更多的有缺陷样本，并且 FilterPre 模型的综合缺陷预测效果更高。综上，FilterPre 模型能够获得比 Normal-DL 更好的缺陷预测效果。

表 2.16　FilterPre 和 Normal-DL 在四个项目上的软件缺陷预测结果

项目	模型	召回率	F1 分数	AUC	FPR
Kafka	FilterPre	**0.8428**	**0.7804**	**0.9568**	**0.0600**
	Normal-DL	0.7859	0.6784	0.9031	0.0700
Kylin	FilterPre	**0.7639**	**0.7739**	**0.9457**	**0.0238**
	Normal-DL	0.7596	0.6955	0.9156	0.0520
Ant	FilterPre	**0.6521**	**0.7185**	**0.9502**	0.0072
	Normal-DL	0.5326	0.6205	0.9192	**0.0060**
Tomcat	FilterPre	**0.7544**	**0.7924**	**0.9652**	**0.0037**
	Normal-DL	0.7425	0.7469	0.9235	0.0072

注：粗体表示较好的预测性能

Normal-DL 与 FilterPre 的区别在于是否存在 Filter 层。因此，两者在预测效果上的差距是因为 Filter 层的过滤机制。通过调用 Filter 层的权重，可以查看 FilterPre 具体过滤掉了哪些度量元。FilterPre 比 Normal-DL 的缺陷预测效果更好，证明 Filter 层的设计是有效的，其能够有效过滤冗余的度量元，以获得更好的软件缺陷预测效果。

3）对研究问题 3 的实验分析

表 2.17 展示了 FilterPre 与 KPWE、LTSA-SVM、SDAEsTSE 三个基线方法在四个项目上的软件缺陷预测结果。从表 2.17 中可以看出，在 Kylin 和 Tomcat 软件项目上，FilterPre 的预测效果是最好的，其在召回率、F1 分数和 AUC 上均大幅高于基线方法。在 Kafka 项目上，FilterPre 在 FPR 上比 LTSA-SVM 方法高出 0.01，但是，其召回率比 LTSA-SVM 提高了 0.2303，且 FilterPre 的缺陷预测综合性能更好。因此，在 Kafka 项目上 FilterPre 的软件缺陷预测效果更好。在 Ant 项目上，虽然 FilterPre 的召回率比 SDAEsTSE 低 0.1848，但是，SDAEsTSE 出现了太多的对无缺陷样本的错误预测，导致其综合缺陷预测效果比 FilterPre 低很多。因此，FilterPre 仍然是所有方法中表现最好的。

表 2.17　各方法在四个项目上的软件缺陷预测结果

项目	方法	召回率	F1 分数	AUC	FPR
Kafka	FilterPre	**0.8428**	**0.7804**	**0.9568**	0.0600
	LTSA-SVM	0.6125	0.6125	0.7800	**0.0500**
	KPWE	0.6546	0.6000	0.7900	0.0540
	SDAEsTSE	0.6341	0.5605	0.7754	0.0830
Kylin	FilterPre	**0.7639**	**0.7739**	**0.9457**	**0.0238**
	LTSA-SVM	0.5966	0.5187	0.7549	0.0870
	KPWE	0.7012	0.7012	0.8210	0.0800
	SDAEsTSE	0.6824	0.5729	0.7981	0.0860
Ant	FilterPre	0.6521	**0.7185**	**0.9502**	**0.0072**
	LTSA-SVM	0.4130	0.4153	0.6982	0.0167
	KPWE	0.5514	0.6128	0.8223	0.0150
	SDAEsTSE	**0.8369**	0.1427	0.7749	0.2872
Tomcat	FilterPre	**0.7544**	**0.7924**	**0.9652**	**0.0037**
	LTSA-SVM	0.6407	0.6079	0.8134	0.0140
	KPWE	0.6825	0.6500	0.8623	0.0200
	SDAEsTSE	0.6347	0.3841	0.7928	0.0490

注：粗体表示较好的预测性能

LTSA-SVM、KPWE 和 SDAEsTSE 都是以特征变换的方式对度量元进行处理，而 FilterPre 是通过自适应方式过滤冗余度量元。虽然特征变换能够去除数据中的一些噪声，但不能去除冗余度量元的影响。冗余度量元的信息会被包含在变换后的特征中，这可能使算法的软件缺陷预测性能下降。

2.4　基于深度迁移学习的跨项目软件缺陷预测

2.4.1　跨项目软件缺陷预测问题定义

在软件项目初期，可获取的历史缺陷数据较少，这给建立有效的缺陷预测模型带来较大挑战。利用其他项目丰富的缺陷数据对缺乏历史缺陷数据的项目进行预测，是解决该问题的有效方法。但是，不同项目在开发环境、开发人员和项目复杂度等方面存在巨大差异，这导致不同项目缺陷数据的分布存在一定差异。传统的机器学习算法遵循一个假设，即训练集和测试集的分布相同，这使其不能在跨项目缺陷预测中获得最佳性能。

为了能够有效利用其他项目的缺陷数据，迁移学习被引入软件缺陷预测中。具体来讲，即通过某种方式对数据样本或数据特征进行处理，将不同项目的数据分布进行对齐，使其他项目上建立的软件缺陷预测模型能够用于目标项目，从而使机器学习模型能够有效适用于跨项目软件缺陷预测。

一般地，将拥有完整缺陷信息的软件项目称为源域 $\mathcal{D}_S$，将需要预测的软件项目称为目标域 $\mathcal{D}_T$。源域中包含了度量元数据和标签信息，即 $\mathcal{D}_S=\{(x_{s_i},y_{s_i})\}_{i=1}^{n_s}$，目标域中仅包含度量元数据，即 $\mathcal{D}_T=\{(x_{t_i})\}_{i=1}^{n_t}$。跨项目软件缺陷预测将源域作为训练集，将目标域作为测试集，通过将源域和目标域的数据分布进行对齐，使在源域中训练的软件缺陷预测模型能够应用到目标域。

2.4.2　跨项目软件缺陷预测

现有的跨项目软件缺陷预测研究可以分为两类，一类通过对数据样本进行处理，使源域和目标域的数据分布近似。另一类通过对度量元进行处理，实现不同项目的数据分布近似。以下根据两类不同的分布近似方式对跨项目软件缺陷预测进行阐述。

首先，基于样本的分布近似可以分为两种。①通过样本选择对不同项目的数据分布进行近似，该方式会舍弃较多的源域样本，不能有效利用所有源域数据信息。②通过样本加权对不同项目的数据分布进行近似，该方式的重点在于样本权重的分配策略。

样本选择是最早在跨项目软件缺陷预测中被应用的方法。Turhan 等（2009）较早进行了跨项目软件缺陷预测研究。他们采用 *K*-近邻方法对其他公司数据进行筛选，在筛选后的数据上建立缺陷模型，并将该模型应用于目标项目。实验结果表明，数据筛选对于跨项目软件缺陷预测是有效的。Peters 等（2013）在 Turhan 等（2009）的基础上提出了 Peters 过滤方法。该方法以源域为基础，通过 *K*-近邻选择目标域的样本。然后，以选择的目标域样本为基础，通过相同的方式选择源域样本。实验结果表明，Peters 过滤方法能够获得比 Turhan 方法更好的预测效果。

样本加权可以将所有样本进行有效利用。Ma 等（2012）提出了迁移朴素贝叶斯（transfer naive Bayes，TNB）模型，并将其应用于跨项目软件缺陷预测，具体步骤如下。①统计目标域数据中每个特征的取值范围。②统计源域中的每个样本在该取值范围内的特征数量，以此衡量源域样本与目标域的相似性。③通过引力公式计算源域中每个样本的权重，以加权方式计算目标域中各特征值的条件概率和类别的先验概率。Tong 等（2018）提出了针对迁移学习的过采样方法——两阶段过采样和对象映射（two-stage overlapping and mapping object，TOMO）。他们通过聚类将目标域分为两簇，即设定数据少的簇为有缺陷的样本集合，数据多的簇为无缺陷的样本集合。然后，在进行样本选择时，同时考虑样本之间、样本与簇中心之间的距离。最后，根据选择的样本生成目标域的新样本。

其次，基于特征的分布近似将不同项目的数据映射到同一空间，并要求在该空间中，不仅原始数据信息能够得到保留，同时，不同项目的数据分布距离最小。这样，在源域上建立的缺陷预测模型能够应用于目标域。

Nam 等（2013）采用迁移成分分析（transfer component analysis，TCA）进行跨项目软件缺陷预测，通过 TCA 对特征进行映射，缩小源域和目标域的分布差距。他们在实验中发现 TCA 对不同的标准化方法是敏感的。由此，他们进一步提出了 TCA+方法。该方法在使用 TCA 前，会根据定义的规则选择合适的数据规范化方法。Cao 等（2015）将 TCA 和神经网络（neural network，NN）结合组成迁移成分分析神经网络（transfer component analysis neural network，TCANN）模型。该模型采用 TCA 对原始特征进行变换，在变换后的源域数据上建立神经网络模型，通过置信度选择合适的样本对梯度进行更新，然后将该模型应用到目标项目中。Long 等（2015）提出的最大均值差异的多核变体（multiple kernel variant of maximum mean discrepancy，MK-MMD）方法和 Xu 等（2019b）提出的平均分布适应（balanced distribution adaptation，BDA）方法均采用了 TCA 的思想。Jing 等（2015）考虑到不同软件项目数据的度量元不完全重叠，提出通过建立统一的指标框架进行跨项目软件缺陷预测，他们首先将源域和目标域数据在该指标框架下进行扩展，然后使用典型相关分析（canonical correlation analysis，CCA）对扩展后的源域和目标域进行特征变换。

2.4.3 跨项目软件缺陷预测和 DAANAEs 算法

1. 数据介绍

本节在跨项目软件缺陷预测中，将所有源域数据作为训练集，将所有目标域数据作为测试集。实验数据集为 2.3 节所使用的 4 个开源软件项目的缺陷数据集。通过去除某个项目数据集中的标签，将其作为目标域，同时将另外 3 个项目分别作为源域。通过以上的设计方式，能够获得 12 个跨项目软件缺陷预测任务：$\text{Kafka} \Rightarrow \text{Kylin}$、$\text{Kafka} \Rightarrow \text{Ant}$、$\text{Kafka} \Rightarrow \text{Tomcat}$、$\text{Kylin} \Rightarrow \text{Kafka}$、$\text{Kylin} \Rightarrow \text{Ant}$、$\text{Kylin} \Rightarrow \text{Tomcat}$、$\text{Ant} \Rightarrow \text{Kafka}$、$\text{Ant} \Rightarrow \text{Kylin}$、$\text{Ant} \Rightarrow \text{Tomcat}$、$\text{Tomcat} \Rightarrow \text{Kafka}$、$\text{Tomcat} \Rightarrow \text{Kylin}$、$\text{Tomcat} \Rightarrow \text{Ant}$。

2. 实验设置

在跨项目的软件缺陷预测中，将源域（已知标签的缺陷数据集）作为训练集，目标域作为测试集。选择 TNB（Ma et al.，2012）、TCA+（Nam et al.，2013）和 CCA+（Jing et al.，2015）三个主流的跨项目软件缺陷预测方法作为基线方法。其中，TNB 不涉及参数设置，另外两个算法在每个跨项目软件缺陷预测任务中的参数设置如表 2.18 所示。

表 2.18　TCA+和 CCA+在每个跨项目软件缺陷预测任务中的参数设置

源域 ⇒ 目标域	方法	参数
Kafka ⇒ Kylin	TCA+	components=45，缺陷预测模型=随机森林
	CCA+	components=45，缺陷预测模型=随机森林
Kafka ⇒ Ant	TCA+	components=45，缺陷预测模型=Adaboost
	CCA+	components=40，缺陷预测模型=随机森林
Kafka ⇒ Tomcat	TCA+	components=40，缺陷预测模型=随机森林
	CCA+	components=40，缺陷预测模型=随机森林
Kylin ⇒ Kafka	TCA+	components=45，缺陷预测模型=Adaboost
	CCA+	components=45，缺陷预测模型=Adaboost
Kylin ⇒ Ant	TCA+	components=45，缺陷预测模型=Adaboost
	CCA+	components=40，缺陷预测模型=随机森林
Kylin ⇒ Tomcat	TCA+	components=45，缺陷预测模型=Adaboost
	CCA+	components=40，缺陷预测模型=随机森林
Ant ⇒ Kafka	TCA+	components=40，缺陷预测模型=Adaboost
	CCA+	components=40，缺陷预测模型=随机森林
Ant ⇒ Kylin	TCA+	components=40，缺陷预测模型=Adaboost
	CCA+	components=40，缺陷预测模型=Bagging
Ant ⇒ Tomcat	TCA+	components=40，缺陷预测模型=随机森林
	CCA+	components=40，缺陷预测模型=随机森林
Tomcat ⇒ Kafka	TCA+	components=45，缺陷预测模型=Adaboost
	CCA+	components=45，缺陷预测模型=Adaboost
Tomcat ⇒ Kylin	TCA+	components=45，缺陷预测模型=随机森林
	CCA+	components=45，缺陷预测模型=随机森林
Tomcat ⇒ Ant	TCA+	components=45，缺陷预测模型=Bagging
	CCA+	components=45，缺陷预测模型=随机森林

注：components 表示成分数量，Adaboost 表示自适应提升（adaptive boosting）算法，Bagging 表示装袋法（Bootstrap aggregating）

3. DAANAEs 算法结构和具体实现

传统的基于特征变换的迁移学习方法只能获得可迁移特征的浅层表示。在图像识别、音频识别等领域，深度迁移学习被证明不仅能够提取原始特征的抽象表示，而且可以提取更多的域不变特征，更好地辅助迁移学习任务。

软件缺陷数据自身是非均衡的。因此，必须同时适配源域和目标域的边缘与条件分布，使 $P(\phi(X_S)) \approx P(\phi(X_T))$ 和 $P(Y_S \mid \phi(X_S)) \approx P(Y_T \mid \phi(X_T))$ 成立，从而使两者的联合概率分布近似，这将有助于跨项目软件缺陷预测任务的执行。动态对抗自适应网络（dynamic adversarial adaptation network，DAAN）能够同时适配源域和目标域的边缘分布与条件分布，并考虑两个分布的重要性（Yu et al.，2019）。

但是，传统的 DAAN 模型使用卷积对图像特征进行提取，并采用对抗思想，使提取的特征同时适配边缘分布和条件分布。其存在以下问题。①提取的域不变特征是否能够保留原始数据信息，这是未知的。提取域不变特征的本质是特征变换，变换后的特征应该能够保留元素的数据信息，这种操作类似于主成分分析等方法。②在软件缺陷预测背景下，数据是结构化的。对于这种数据类型，卷积等网络结构不再适用。而自编码器适用于结构化数据的特征提取，并且，其提取的特征能够保留原始数据信息。因此，本节将 DAAN 和自编码器结合，提出 DAANAEs 算法进行跨项目软件缺陷预测。

具体地，DAANAEs 的总体结构如图 2.10 所示。该模型共分为六部分。第一部分是自编码器中的编码器 Encoder（G_f），用于提取域不变特征。第二部分是 G_y，负责对样本进行缺陷预测。第三部分是全局域判别器 G_d，负责判别经过 G_f 映射后的数据的来源。第四部分是局部域判别器 $\{G_d^k\}_{k=1}^C$，其中 C 代表数据集中类别的数量，同样用于判断数据的来源。第五部分是自编码器中的解码器 Decoder（G_r），其作用是确保 Encoder 的特征提取功能，并且保证提取的域不变特征能够保留原始数据的信息。第六部分是分布权重调节系数 ω，用于分配边缘分布和条件分布的权重。下文详细阐述具体各部分的实现。

第一部分为特征提取器 G_f。其为自编码器的 Encoder 部分，根据一般的设置，将 Encoder 部分设置为三层。其中，前两层的神经元数量对结果影响较小，经过实验将其设置为输入数据维度的 2 倍，最后一层神经元数量作为超参数，通过参数搜索获得。

第二部分 G_y 具有两方面的作用。首先，其在源域数据上进行训练，产生分类损失，该损失的参数表达形式如式（2.11）所示，其中 θ_f、θ_y 分别为 G_f 和 G_y 的训练参数。其次，G_y 对输入的源域和目标域样本进行缺陷概率预测，使用该概率对经过 G_y 变换的数据进行加权，以获得局部域判别器 $\{G_d^k\}_{k=1}^C$ 的输入。由于缺陷数据是非均衡的，因此，这里采用 focal loss 作为损失函数。

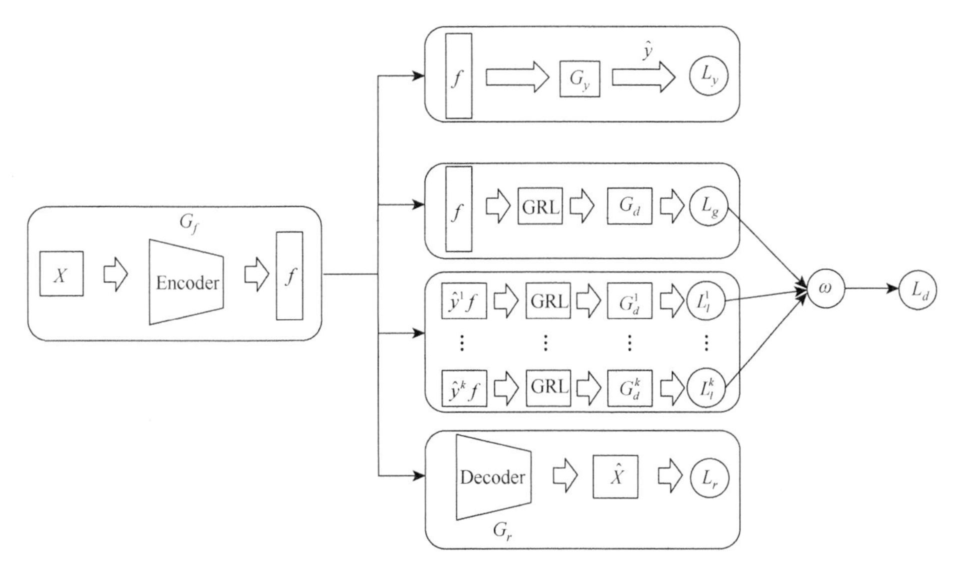

图 2.10　DAANAEs 的总体结构

GRL 表示梯度反转层（gradient reversal layer）

$$L_y(\theta_f,\theta_y)=\frac{1}{n_s}\sum_{i=1}^{n_s}L(G_y(G_f(x_i)),y_i) \tag{2.11}$$

第三部分，全局域判别器 G_d 用于判断经过 G_f 映射后的数据的来源，当其不能判别数据来自源域还是目标域时，可以认为 G_f 提取的域不变特征实现了边缘分布的适配。具体地，G_d 会产生域判别损失，该损失的参数表达形式如式（2.12）所示。其中 θ_d 表示 G_d 的训练参数集合；d_i 表示样本 x_i 所属的域。对于 G_d 的训练参数，通过梯度下降的方式进行更新，使其对数据来源的判别更准确。对于 G_f 的训练参数，通过梯度反转层进行梯度反转，以梯度提升的方式进行更新，使 G_d 更难判断 G_f 变换后数据的来源。

$$L_g(\theta_f,\theta_d)=\frac{1}{n_s+n_t}\sum_{x_i\in(D_s\cup D_t)}L_d(G_d(G_f(x_i)),d_i) \tag{2.12}$$

第四部分为局部域判别器 $\{G_d^k\}_{k=1}^C$，在软件缺陷预测中只有两种类别，因此 $C=2$。与 G_d 类似，$\{G_d^k\}_{k=1}^C$ 产生域判别损失，该损失的参数形式如式（2.13）所示。其中，θ_d^k 表示第 k 个局部域判别器的训练参数集合；$\hat{y}_i^k$ 表示 G_y 预测 x_i 为第 k 类的概率。用上述概率对经过 G_f 变换后的数据加权，当 $\{G_d^k\}_{k=1}^C$ 不能判断加权后的变换数据来自哪个域时，可以认为实现了两个域的条件分布适配。对于 $\{G_d^k\}_{k=1}^C$ 的训练参数，通过梯度下降方式进行更新，使其对数据来源的判别更准确。对于 G_f 的训练参数，同样采用梯度反转方式进行更新。

$$L_l(\theta_f,\theta_y,\theta_d^k|_{k=1}^C)=\frac{1}{n_s+n_t}\sum_{k=1}^{C}\sum_{x_i\in(D_s\cup D_t)}L_d^k(G_d^k(\hat{y}_i^k G_f(x_i)),d_i) \tag{2.13}$$

G_y、G_d 和 $\{G_d^k\}_{k=1}^C$ 的任务都是进行二分类，因此，采用的网络结构与 FilterPre 基本相同，它们复用 FilterPre 的 Filter 层之上的网络结构，参数设置方式与 FilterPre 相同。在 focal loss 函数的参数选择上，G_y 仍然使用 FilterPre 上的超参数设置。这是因为，G_y 的第一个任务是要对源域中的数据进行准确预测。G_d 和 $\{G_d^k\}_{k=1}^C$ 采用交叉熵损失函数，其没有额外的超参数需要设置。

第五部分为自编码器的 Decoder 部分（G_r）。Decoder 使 Encoder 提取的域不变特征能够保留原始数据的信息，从而确保 Encoder 的特征提取功能。Decoder 的网络结构和 Encoder 对称，会产生重构损失，该损失的参数表达形式如式（2.14）所示，其中，θ_r 表示 G_r 的训练参数集合。Decoder 需要确保重构数据和真实数据的偏差最小，因此，采用均方误差（mean square error，MSE）作为其具体的损失函数。在进行整个模型训练前，先对自编码器进行预训练。然后，将预训练好的自编码器加入完整的模型，对参数进行微调。

$$L_r(\theta_f,\theta_r)=L(G_r(G_f(X)),X) \tag{2.14}$$

第六部分为条件分布和边缘分布的权重调节系数 ω。其在每轮迭代中，通过局部域判别器损失和全局域判别器损失，自适应地进行调节。具体地，通过全局域判别器损失计算源域与目标域的边缘分布距离，如式（2.15）所示。同理，通过局部域判别器的损失计算源域与目标域的条件分布距离，如式（2.16）所示。然后，计算边缘分布距离与两个分布距离之和的比值，获取边缘分布权重［如式（2.17）所示］及条件分布权重［形式类似式（2.17），略］。

$$d_{\mathcal{A},g}(\mathcal{D}_s,\mathcal{D}_t)=2(1-2L_g) \tag{2.15}$$

$$d_{\mathcal{A},l}(\mathcal{D}_s^k,\mathcal{D}_t^k)=2(1-2L_d^k) \tag{2.16}$$

$$\omega=\frac{d_{\mathcal{A},g}(\mathcal{D}_s,\mathcal{D}_t)}{d_{\mathcal{A},g}(D_s,D_t)+\frac{1}{C}\sum_{k=1}^{C}d_{\mathcal{A},l}(\mathcal{D}_s^k,\mathcal{D}_t^k)} \tag{2.17}$$

最后，DAANAEs 的整体损失函数的参数形式如式（2.18）所示。其中，最后一项为全局域判别器和局部域判别器的损失。之所以在总体损失中减去该部分，是因为该损失与总体损失的优化方向相反。参数 β 和参数 λ，用于平衡各损失在总损失中的权重。在实验中，β 和 λ 设置为 1。

$$L_a=L_y(\theta_f,\theta_y)+\beta L_r(\theta_f,\theta_r)-\lambda((1-\omega)L_g(\theta_f,\theta_d)+\omega L_l(\theta_f,\theta_y,\theta_d^k)) \tag{2.18}$$

4. 跨项目软件缺陷预测结果及分析

为了综合评价 DAANAEs 的跨项目软件缺陷预测性能，设置以下 3 个研究问题，对 DAANAEs 的软件缺陷预测性能和参数敏感性进行综合对比分析。

研究问题 1：DAANAEs 的参数敏感性如何？各迁移任务中的最优超参数应该设置为多少？

研究问题 2：DAANAEs 是否能够达到可接受的软件缺陷预测结果？与项目内软件缺陷预测结果相比如何？

研究问题 3：DAANAEs 与现有的主流跨项目软件缺陷预测方法相比孰优孰劣？

1）研究问题 1 的实验分析

在 DAANAEs 方法中，需要设置的超参数是自编码器 Encoder 的第 3 层隐藏层的输出维度（endim）。因为，该维度代表了提取的域不变特征的维度，与主成分分析等方法类似，该参数对最终的缺陷预测结果是至关重要的。一般地，Encoder 的输出维度小于或等于原始数据维度。因此，设定该参数的变化范围为 30～55，步长为 5，共 6 个取值。

表 2.19 展示了在各跨项目软件缺陷预测中，不同 endim 取值对应的缺陷预测结果。根据结果可以看出，对于不同的项目，最佳的 endim 取值是不同的。但是，对于多数跨项目缺陷预测任务，F1 分数、召回率和 AUC 随着 endim 的增加，呈现先上升后下降的规律，波动较为平缓。此外，一般在 F1 分数和 AUC 两个综合性能指标中表现较好的 endim，在另外两个指标上与最好的情况差距很小。例如，在 Kylin ⇒ Tomcat 的缺陷预测中，endim 为 35 时，模型获得最高的 F1 分数和 AUC 值。但是，其召回率相较于 endim 为 40 时，低了 0.0234，FPR 比 endim 为 55 时高了 0.0015。通过实际计算可知，endim 为 40 时比 endim 为 30 时，可以多准确识别出 12 个有缺陷的方法，但多识别错 78 个无缺陷的方法；endim 为 40 时比 endim 为 55 时，可以多准确识别出 16 个有缺陷的方法，但也多识别错 29 个无缺陷的方法。因此，可以认为，endim 为 35、40 和 55 时，模型的性能相差并不大。

表 2.19　各跨项目软件缺陷预测中不同 endim 取值对应的缺陷预测结果

源域 ⇒ 目标域	评价指标	endim					
		30	35	40	45	50	55
Kafka ⇒ Kylin	召回率	0.6234	0.6466	0.6413	0.6825	**0.7031**	0.6400
	F1 分数	0.6125	0.6225	0.6212	0.6452	**0.6550**	0.6321
	AUC	0.8441	0.8482	0.8400	0.8521	**0.8840**	0.8500
	FPR	0.0510	0.0532	0.0522	0.0540	0.0532	**0.0475**
Kafka ⇒ Ant	召回率	0.5705	0.5902	**0.6131**	0.5475	0.5607	0.5311
	F1 分数	0.4700	0.4700	**0.5024**	0.4524	0.4612	0.4713
	AUC	0.7615	0.7576	**0.8425**	0.7288	0.7768	0.7427
	FPR	0.0247	0.0266	0.0239	0.0252	0.0252	**0.0208**

续表

源域 ⇒ 目标域	评价指标	endim					
		30	35	40	45	50	55
Kafka ⇒ Tomcat	召回率	**0.5189**	0.5081	0.5045	0.4492	0.5098	0.4561
	F1 分数	**0.5523**	0.4915	0.5013	0.5014	0.5012	0.5000
	AUC	**0.7535**	0.6705	0.7035	0.6504	0.7100	0.7122
	FPR	0.0106	0.0165	0.0147	**0.0097**	0.0157	0.0108
Kylin ⇒ Kafka	召回率	0.5995	**0.6507**	0.6466	0.6076	0.6231	0.5865
	F1 分数	0.5510	**0.6265**	0.6127	0.5724	0.5857	0.5524
	AUC	0.7122	**0.8507**	0.7498	0.7193	0.7258	0.7200
	FPR	0.0766	**0.0566**	0.0616	0.0643	0.0670	0.0707
Kylin ⇒ Ant	召回率	0.6623	**0.8197**	0.7344	0.7344	0.7410	0.7541
	F1 分数	**0.4464**	0.4076	0.4190	0.4000	0.4020	0.3926
	AUC	**0.7746**	0.7524	0.7800	0.7410	0.7452	0.7400
	FPR	**0.0377**	0.0636	0.0511	0.0560	0.0561	0.0600
Kylin ⇒ Tomcat	召回率	0.5853	0.5834	**0.6068**	0.5153	0.5655	0.5548
	F1 分数	0.5561	**0.5601**	0.5400	0.5251	0.5479	0.5527
	AUC	0.8102	**0.8499**	0.8057	0.7265	0.8026	0.7849
	FPR	0.0153	0.0147	0.0188	**0.0132**	0.0147	**0.0132**
Ant ⇒ Kafka	召回率	**0.5353**	0.4484	0.4849	0.4134	0.424	0.4224
	F1 分数	**0.4679**	0.4125	0.4281	0.4000	0.4021	0.4100
	AUC	**0.7381**	0.6589	0.6845	0.6262	0.6441	0.6424
	FPR	0.1000	0.0945	0.1036	0.0870	0.0910	**0.0848**
Ant ⇒ Kylin	召回率	0.5604	**0.6131**	0.5463	0.5283	0.5437	0.5064
	F1 分数	0.5256	**0.5874**	0.4408	0.4605	0.4953	0.4548
	AUC	0.8023	**0.8346**	0.7874	0.7891	0.7589	0.7375
	FPR	0.0706	**0.0560**	0.1151	0.0946	0.0805	0.0847
Ant ⇒ Tomcat	召回率	0.4273	0.4668	**0.5117**	0.4201	0.3842	0.3878
	F1 分数	0.5084	0.5200	**0.5458**	0.5000	0.4551	0.4584
	AUC	0.7475	0.7541	**0.7894**	0.7243	0.6966	0.7108
	FPR	**0.0070**	0.0097	0.0107	0.0077	0.0089	0.0089
Tomcat ⇒ Kafka	召回率	0.3534	0.2827	0.3688	0.3184	0.4159	**0.5020**
	F1 分数	0.3400	0.2826	0.3784	0.3071	0.3802	**0.4407**
	AUC	0.6286	0.6183	0.6484	0.6335	0.6500	**0.6759**
	FPR	0.0960	0.0950	**0.0770**	0.1003	0.1024	0.1031

续表

源域 ⇒ 目标域	评价指标	endim					
		30	35	40	45	50	55
Tomcat ⇒ Kylin	召回率	0.5013	0.4165	0.5231	0.5206	**0.6067**	0.5630
	F1 分数	0.4794	0.3900	0.5312	0.5036	**0.5900**	0.5616
	AUC	0.7400	0.6804	0.7893	0.7769	**0.8400**	0.8205
	FPR	0.0729	0.0896	0.0551	0.0675	0.0560	**0.0500**
Tomcat ⇒ Ant	召回率	**0.5606**	0.4197	0.4820	0.4459	0.5148	0.4557
	F1 分数	0.3430	0.3818	**0.4551**	0.3000	0.3818	0.3721
	AUC	0.7280	0.6896	**0.7502**	0.6733	0.7675	0.6732
	FPR	0.0493	0.0225	**0.0184**	0.0442	0.0341	0.0286

注：粗体表示较好的预测性能

由上述分析，对每个跨项目软件缺陷预测任务，可以得到其最优的参数设置分别为：Kafka ⇒ Kylin（endim = 50）、Kafka ⇒ Ant（endim = 40）、Kafka ⇒ Tomcat（endim = 30）、Kylin ⇒ Kafka（endim = 35）、Kylin ⇒ Ant（endim = 30）、Kylin ⇒ Tomcat（endim = 35）、Ant ⇒ Kafka（endim = 30）、Ant ⇒ Kylin（endim = 35）、Ant ⇒ Tomcat（endim = 40）、Tomcat ⇒ Kafka（endim = 55）、Tomcat ⇒ Kylin（endim = 50）、Tomcat ⇒ Ant（endim = 40）。

2）研究问题 2 结果及分析

在跨项目软件缺陷预测中，Zimmermann 等（2009）认为可接受的跨项目软件缺陷预测标准为：召回率、精确率和准确度均达到 75%以上。但是，He 等（2012）认为，在跨项目软件缺陷预测中，可接受的标准只需要召回率达到 70%以上，精确率达到 50%以上。表 2.20 并没有使用精确率进行度量，与其等价的，需要 F1 分数超过 58%即可。表 2.20 展示了 DAANAEs 的跨项目和 Normal-DL 的项目内软件缺陷预测结果。表 2.20 中各指标下，对角线值代表项目内软件缺陷预测结果，其他非对角线值为对应源域到目标项目的跨项目软件缺陷预测结果。纵向来看，不同项目对同一项目的跨项目缺陷预测结果相差较大。这里选择最好的迁移结果与项目内缺陷预测结果进行比较。对于 Kafka 项目，Kylin ⇒ Kafka 的跨项目缺陷预测效果是最好的，除召回率外，其他指标与项目内缺陷预测的差距均在 6%以内。对于 Kylin 项目，Kafka ⇒ Kylin 的跨项目软件缺陷预测结果是最好的，其在各指标上均与项目内缺陷预测结果相差 6%以内，且达到了 He 等（2012）规定的标准。对于 Tomcat 和 Ant 项目，任何项目的迁移都不能达到较好的缺陷预测结果。

表 2.20 DAANAEs 的跨项目和 Normal-DL 的项目内软件缺陷预测结果

评价指标	源域	目标域			
		Kafka	Kylin	Ant	Tomcat
召回率	Kafka	**07859**	0.7031	0.6131	0.5189
	Kylin	0.6507	**0.7596**	**0.6623**	0.5834
	Ant	0.5353	0.6131	0.5326	0.5117
	Tomcat	0.5020	0.6067	0.4820	**0.7425**
F1 分数	Kafka	**0.6784**	0.6550	0.5024	0.5523
	Kylin	0.6265	**0.6955**	0.4464	0.5601
	Ant	0.4679	0.5874	**0.6205**	0.5458
	Tomcat	0.4407	0.5900	0.4551	**0.7469**
FPR	Kafka	0.0600	0.0532	0.0239	0.0106
	Kylin	**0.0566**	**0.0520**	0.0377	0.0147
	Ant	0.1000	0.0560	**0.0060**	0.0107
	Tomcat	0.1031	0.0560	0.0184	**0.0072**
AUC	Kafka	**0.9031**	0.8840	0.8425	0.7535
	Kylin	0.8507	**0.9156**	0.7746	0.8499
	Ant	0.7381	0.8346	**0.9192**	0.7894
	Tomcat	0.6759	0.8400	0.7502	**0.9235**

注：粗体表示较好的预测性能

总体上，DAANAEs 的跨项目软件缺陷预测结果要劣于项目内软件缺陷预测。但是，在 Kafka 和 Kylin 项目上，两者差距不是太大，尤其是在 Kylin 项目上，其能够达到可接受的跨项目软件缺陷预测结果。

3）研究问题 3 结果及分析

表 2.21 展示了 TNB、TCA+、CCA+和 DAANAEs 在 12 个跨项目软件缺陷预测任务上的结果。通过观察结果可以发现，除 Tomcat ⇒ Kafka 外，DAANAEs 在 F1 分数和 AUC 两个综合性能指标上能够取得最好的预测结果。在大部分跨项目软件缺陷预测任务上，DAANAEs 在获得最好的综合预测性能的情况下，只能在召回率或 FPR 其中一个指标上获得最好的缺陷预测表现。虽然 DAANAEs 不能在所有指标上表现最好，但是，综合来看，DAANAEs 是所有方法中表现最好的。例如，在 Tomcat ⇒ Ant 跨项目软件缺陷任务上，DAANAEs 相较于 CCA+方法，虽然在召回率指标上低了 0.1901，但是，CCA+的高召回率是以较高的 FPR 获取的。其在多准确识别出 58 个有缺陷的方法的同时也多识别错 1180 个无缺陷的方法。

表 2.21　DAANAEs、TNB、TCA+、CCA+的跨项目软件缺陷预测结果

源域 ⇒ 目标域	方法	召回率	F1 分数	FPR	AUC
Kafka ⇒ Kylin	DAANAEs	**0.7031**	**0.6550**	0.0532	**0.8840**
	TNB	0.4201	0.5206	**0.0240**	0.6897
	TCA+	0.5077	0.5218	0.0492	0.7389
	CCA+	0.5809	0.4838	0.1013	0.7229
Kafka ⇒ Ant	DAANAEs	**0.6131**	**0.5024**	0.0239	**0.8425**
	TNB	0.3212	0.3105	**0.0217**	0.6049
	TCA+	0.5526	0.3281	0.0523	0.6849
	CCA+	0.4644	0.3345	0.0382	0.6036
Kafka ⇒ Tomcat	DAANAEs	0.5189	**0.5523**	**0.0106**	**0.7535**
	TNB	0.4255	0.3697	0.0131	0.6608
	TCA+	0.4460	0.3384	0.0350	0.6606
	CCA+	**0.6700**	0.4215	0.0488	0.7237
Kylin ⇒ Kafka	DAANAEs	0.6507	**0.6265**	**0.0566**	**0.8507**
	TNB	**0.7076**	0.4739	0.1692	0.7159
	TCA+	0.7045	0.4585	0.1818	0.7057
	CCA+	0.4837	0.4612	0.0803	0.5876
Kylin ⇒ Ant	DAANAEs	0.6623	**0.4464**	**0.0377**	**0.7746**
	TNB	**0.8656**	0.2743	0.1291	0.7586
	TCA+	0.5217	0.3336	0.0463	0.6192
	CCA+	0.5226	0.3327	0.0474	0.6179
Kylin ⇒ Tomcat	DAANAEs	**0.5834**	**0.5601**	**0.0147**	**0.8499**
	TNB	0.4255	0.3697	0.0258	0.6391
	TCA+	0.6400	0.3618	0.0557	0.7529
	CCA+	0.5644	0.3614	0.0458	0.7037
Ant ⇒ Kafka	DAANAEs	0.5353	**0.4679**	**0.1000**	**0.7381**
	TNB	0.5232	0.4267	0.1233	0.6901
	TCA+	**0.7154**	0.3439	0.3426	0.6127
	CCA+	0.2087	0.2042	0.1109	0.5651
Ant ⇒ Kylin	DAANAEs	0.6131	**0.5874**	0.0560	**0.8346**
	TNB	0.4743	0.4695	0.0675	0.7031
	TCA+	**0.7082**	0.4079	0.1982	0.7082
	CCA+	0.3136	0.4236	**0.0206**	0.6022

续表

源域⇒目标域	方法	召回率	F1 分数	FPR	AUC
Ant ⇒ Tomcat	DAANAEs	0.5117	**0.5458**	**0.0107**	**0.7894**
	TNB	**0.6715**	0.3312	0.0702	0.7049
	TCA+	0.2874	0.3684	0.0081	0.7035
	CCA+	0.3730	0.3200	0.0283	0.7032
Tomcat ⇒ Kafka	DAANAEs	0.5020	0.4407	0.1031	**0.6759**
	TNB	0.3124	0.4257	**0.0210**	0.6497
	TCA+	0.4773	0.4287	0.0973	0.6586
	CCA+	**0.5386**	**0.4462**	0.1163	0.6733
Tomcat ⇒ Kylin	DAANAEs	0.6067	**0.5900**	0.0560	**0.8400**
	TNB	0.3011	0.4314	**0.0117**	0.6221
	TCA+	0.4293	0.4902	0.0362	0.7734
	CCA+	**0.7455**	0.4133	0.2300	0.7430
Tomcat ⇒ Ant	DAANAEs	0.4820	**0.4551**	0.0184	**0.7502**
	TNB	0.2188	0.2486	**0.0088**	0.5602
	TCA+	0.3947	0.3294	0.0289	0.7033
	CCA+	**0.6721**	0.2183	0.1302	0.6453

注：粗体表示较好的预测性能

综上所述，DAANAEs 跨项目软件缺陷预测方法在大部分情况下能够获得较好的预测结果。将软标签加入训练过程中，可以在迭代过程中帮助预测模型获得更好的全局（边缘分布）和局部（条件分布）特征表示。而现有的主流方法更多地关注边缘分布的对齐或通过使用样本加权方法 TNB 对数据的联合分布进行对齐。因此，DAANAEs 在跨项目的软件缺陷预测中表现出较好的性能。

2.5　基于多模态时间序列的软件缺陷数量分类研究

2.5.1　软件缺陷数量时间序列预测

软件缺陷数量时间序列预测是指根据软件缺陷数量的历史信息预测项目未来一段时间内的缺陷数量，即根据不同的时间跨度可以分为对未来一个月、一周或者一天的缺陷数量进行预测。在软件缺陷数量时间序列预测中，常用的方法有两种，一种是传统的时间序列模型，另一种是基于深度学习的方法。

在传统的时间序列模型中，现有研究最常用的模型是差分自回归移动平均

（autoregressive integrated moving average，ARIMA）模型、多项式回归等回归模型。Zhang（2008）分别按月和周对 14 个 Eclipse 组件的软件缺陷数量进行统计，采用多项式回归在两种不同的时间跨度上对缺陷数量进行时间序列预测。Kemerer 和 Slaughter（1999）使用 ARIMA 模型对软件项目每月的变更数量进行预测，他们的实验结果显示，ARIMA 模型相较于其他的回归分析模型效果较差。Wu 等（2010）采用 X2 增强的 ARIMA 模型预测 Mozilla Firefox 每月的缺陷数量。通过与 ARIMA 和多项式回归进行比较，结果显示，X2 增强的 ARIMA 模型的预测准确度更高。

对于深度学习模型，现有的研究一般将其与传统的时间序列模型进行组合。Pati 和 Shukla（2014）将非线性自回归模型和人工神经网络（artificial neural network，ANN）进行组合形成自回归神经网络模型，并在 Debian 项目上对该模型的有效性进行了验证。他们将 ARIMA 模型和 ANN 组合形成 ANN-ARIMA 模型，该模型获得了比 ANN 和 ARIMA 模型更准确的缺陷数量时间序列预测结果。Pati 等（2017）提出了基于多目标遗传算法的神经网络（multi-objective genetic algorithm based neural network，MOGA-NN）模型，并在 ArgoUML 项目 31 个版本的缺陷数量时间序列数据集上进行实验，对该模型的预测性能进行了验证。

2.5.2　基于时间序列的软件缺陷数量分类预测分析

根据 2.5.1 节对相关研究的阐述可知，传统的软件缺陷数量时间序列预测直接预测不同时间跨度具体的缺陷数量。一方面，准确预测具体的缺陷数量是困难的。另一方面，对项目管理人员而言，他们分配资源并不关注某时间段内具体的缺陷数量，缺陷数量较小的变化并不会影响其对资源的分配。而且，从预测模型的角度来说，用于对缺陷数量具体值预测的回归模型的鲁棒性往往比对缺陷数量类别预测的分类模型的鲁棒性要差。因此，本节选择对软件缺陷数量所处的不同水平进行预测。

首先，对某时间段内的软件缺陷数量进行准确预测是困难的，其中原因有两个。第一，软件缺陷数量时间序列数据在统计过程中可能会出现 2.1 节所提到的有关软件缺陷数量时间序列预测的 3 个问题。第二，时间序列数据的剧烈变化导致预测准确的缺陷数量较难。在缺陷数量时间序列数据中，缺陷数量有时会发生剧烈的变化，这会对预测模型造成影响，使其预测出现较大偏差。

其次，对项目管理人员而言，缺陷数量分类预测能够提供更直接有效的信息。第一，当不同时段的缺陷数量接近时，修复它们所需的资源基本相同。如果直接预测具体的缺陷数量，两者会有差距，但是，缺陷数量分类会给出类似的结果。第二，当软件缺陷数量剧烈变化时，缺陷数量预测模型可能给不出准确的预测值，但是，软件缺陷数量分类仍能够准确给出缺陷数量所处的水平。因此，从上述意义上来说，缺陷数量分类预测能够给出对管理人员更直接有效的信息。

2.5.3　基于多模态时间序列的软件缺陷数量分类预测算法 BugCat

1. 数据描述

Mozilla Firefox 项目的时间跨度超过了 19 年，有丰富的缺陷数量时间序列数据，而且之前的研究也有使用该项目数据（Wu et al.，2010）。因此，这里选择 MSR 2010（7th IEEE Working Conference on Mining Software Repositories，第七届国际软件仓库挖掘会议）中的 Mozilla Firefox 缺陷数据集作为实验对象。

具体地，该数据集包含了自 2002 年 9 月 23 日到 2009 年 4 月 18 日每天的缺陷信息，共 2400 条数据。为了避免软件版本更新对预测的影响，将整个数据集合划分为 4 个子集，每个子集包含 600 条数据。将 4 个数据子集按照各自的缺陷数量划分为高（high）、中（middle）、低（low）三个水平，划分后每个子集缺陷数量类别分布的具体信息如表 2.22 所示。

表 2.22　每个子集缺陷数量类别分布的具体信息

数据子集	缺陷数量水平	区间	天数/天	比例
1	低	[0, 100)	208	34.7%
	中	[100, 135)	203	33.8%
	高	[135, ∞)	189	31.5%
2	低	[0, 115)	203	33.8%
	中	[115, 145)	198	33.0%
	高	[145, ∞)	199	33.2%
3	低	[0, 100)	193	32.2%
	中	[100, 130)	232	38.7%
	高	[130, ∞)	175	29.2%
4	低	[0, 120)	187	31.2%
	中	[120, 170)	222	37.0%
	高	[170, ∞)	191	31.8%

2. 模型框架

软件缺陷数量分类预测算法 BugCat 的整体结构如图 2.11 所示。BugCat 包含三部分，自下而上分别为输入层、长短期记忆（long short-term memory，LSTM）层和多模态学习模块。其中，输入层将 5 个模态的时间序列数据分开输入。LSTM 层负责提取输入的模态数据与下一时间段缺陷数量水平之间的时间依赖关系。多模态学习模块负责对嵌入信息进行组合，并预测软件缺陷数量的水平。以下对各部分进行详细阐述。

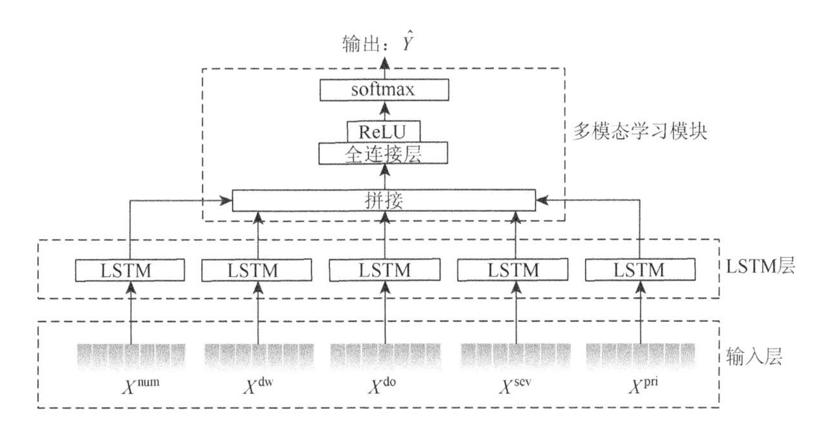

图 2.11　BugCat 算法的整体结构

第一，输入层包含了 5 个模态的时间序列输入。具体地，这 5 个模态分别为缺陷数量模态的时间序列 X^{num}、周模态的时间序列 X^{dw}、工作日模态的时间序列 X^{do}、缺陷严重程度模态的时间序列 X^{sev} 和缺陷优先级模态的时间序列 X^{pri}。其中，周模态的元素值指的是周几，周一到周日分别用数字 1 到 7 表示。工作日模态的元素值为布尔变量，如果是工作日，为 1，反之为 0。在实验中，设置输入的时间序列为 7 个时间步（7 天），即每个模态的向量长度均为 7。

第二，软件缺陷数量分类依赖 5 个模态的时间序列信息，LSTM 用于捕捉缺陷数量的水平和 5 个模态时间序列之间的依赖关系。5 个模态分别对应 5 个 LSTM 单元，各 LSTM 单元的参数不进行共享，但是，每个 LSTM 单元设置相同的输出维度。

第三，多模态学习模块将对 LSTM 提取的信息进行融合，并获取最终的预测结果。首先，通过拼接（concatenation）层对 5 个 LSTM 单元提取的信息进行组合，获取融合的多模态时间序列信息。其次，通过 ReLU 激活的全连接层，对融合数据各特征维度的关系进行提取。最后，通过 softmax 函数激活的全连接层获得最终预测结果。

BugCat 模型最终的预测输出为下一时间缺陷数量的水平。由于我们将缺陷数量划分为高、中、低三个水平，因此，软件缺陷数量分类是一个多分类问题。对于多分类，采用交叉熵函数作为 BugCat 的损失函数。

3. 评价指标

为了综合评估 BugCat 算法的预测效果，选择准确度、宏精确率（macro precision）、宏召回率（macro recall）、宏 F1 分数（macro F1 score）和 kappa 系数作为算法性能评价指标。其中，前 4 个是分类中最常用的指标。kappa 系数是用于评估统计一致性的，其计算如式（2.19）所示。其中，p_0表示实际被正确分类的样本比例；p_e表示分类正确的期望比例，其取值范围为[–1,1]。当 kappa 系数为 1 时，代表全部预测准确；当其为–1 时，代表模型为随机猜测。

$$\text{kappa} = \frac{p_0 - p_e}{1 - p_e} \tag{2.19}$$

4. 实验设置

为了实验结果的稳定性，本节采用 10 折交叉验证方式获取模型预测结果。具体而言，将每个数据子集划分为 10 等份，按照 8∶1∶1 的比例分为训练集、验证集和测试集。之后循环 10 次，直到每一份数据都作为测试集对预测模型进行了评估。

本节选择 LSTM、多层感知机（multi-layer perceptron，MLP）和全连接神经网络（fully connected neural network，FCNN）作为基线方法，3 个基线方法只使用缺陷数量的时间序列信息，BugCat 采用 5 种模态的时间序列信息。通过将 BugCat 和基线方法的预测结果进行对比分析，验证 BugCat 算法的有效性。

5. 研究问题及结果分析

为了验证 BugCat 算法的预测性能，设置以下 3 个研究问题对 BugCat 算法的参数设置、预测效果和各模态对 BugCat 算法的影响进行全面分析。

研究问题 1：BugCat 的超参数敏感性如何？最优的超参数是多少？

研究问题 2：与基线方法相比，BugCat 的预测效果如何？

研究问题 3：各模态对 BugCat 的影响有何不同？

1）研究问题 1 的实验分析

对于研究问题 1，采用贪婪策略对 BugCat 算法的超参数进行选择。在 BugCat 中存在 3 个超参数，分别为 LSTM 神经元数量（LSTM-units）、全连接层神经元数量（FC-units）和数据批量大小（batch size）。设定 FC-units 的默认值为 64，batch size 的默认值为 32。以下对各个超参数的调参过程进行阐述。

首先，对 LSTM-units 进行调整，固定 FC-units 和 batch size 为默认值。LSTM-units 的取值在[4, 8, 16, 32, 64, 128, 256, 512]中获取，对列表中的每个取值，都通过 10 折交叉验证的方式获取其对应的预测效果。不同 LSTM-units 取值对应的预测准确度如表 2.23 所示，可知最优的 LSTM-units 为 8。

表 2.23　不同 LSTM-units 取值对应的预测准确度

指标	LSTM-units 的取值							
	4	8	16	32	64	128	256	512
准确度	69.27%	**69.72%**	68.72%	67.70%	67.28%	66.31%	65.34%	64.73%

注：粗体表示最好的预测性能

其次，固定 LSTM-units、batch size 不变，分别为 8 和 32，调整 FC-units。FC-units 的取值在[4, 8, 16, 32, 64, 128, 256, 512]中获取，同样通过 10 折交叉验证方式获取列表中每个值对应的预测效果。表 2.24 展示了不同 FC-units 取值对应的预测准确度，可知最优的 FC-units 为 256。

表 2.24　不同 FC-units 取值对应的预测准确度

指标	FC-units 的取值							
	4	8	16	32	64	128	256	512
准确度	68.17%	68.75%	68.83%	69.07%	69.25%	69.35%	**69.88%**	68.99%

注：粗体表示最好的预测性能

最后，固定 LSTM-units 和 FC-units 为 8 和 256，调整 batch size。batch size 在[2, 4, 8, 16, 32, 64, 128, 256]中获取，其他过程与前面两个超参数过程相同。不同 batch size 取值对应的预测准确度如表 2.25 所示，可知最优的 batch size 为 128。

表 2.25　不同 batch size 取值对应的预测准确度

指标	batch size 的取值							
	2	4	8	16	32	64	128	256
准确度	69.24%	69.35%	69.49%	69.54%	69.56%	69.67%	**70.06%**	69.51%

注：粗体表示最好的预测性能

2）研究问题 2 的实验分析

对于研究问题 2，图 2.12～图 2.15 展示了 4 个数据子集上 BugCat 和基线方法在 5 个评估指标上对于缺陷数量分类的预测效果对比。可以看出，与基线方法相比，BugCat 在 5 个评价指标上均获得了最好的预测结果。具体地，在准确度指标上，BugCat 平均比 LSTM、MLP 和 FCNN 分别提高了 20.48%、9.21%和 7.93%。在宏精确率指标上，BugCat 平均比 LSTM、MLP 和 FCNN 分别提高了 22.82%、10.69%和 9.31%。在宏召回率指标上，BugCat 平均比 LSTM、MLP 和 FCNN 分别提高了 19.55%、9.19%和 7.43%。在宏 F1 分数指标上，BugCat 平均比 LSTM、MLP 和 FCNN 分别提高了 22.64%、9.84%和 8.53%。在 kappa 系数指标上，BugCat 平均比 LSTM、MLP 和 FCNN 分别提高了 46.39%、18.76%和 15.98%。

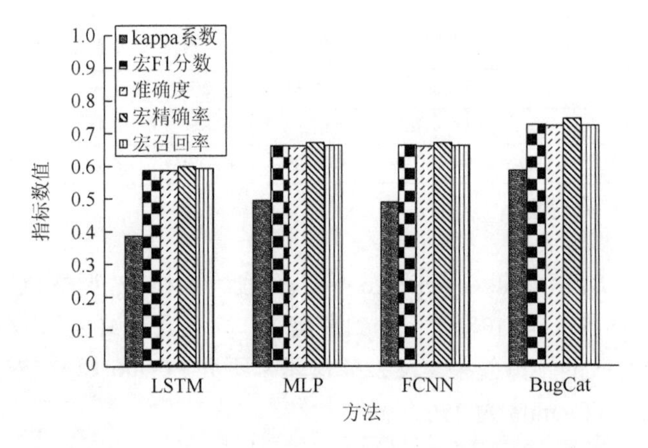

图 2.12　数据子集 1 上 BugCat 和基线方法在 5 个评估指标上的预测效果对比

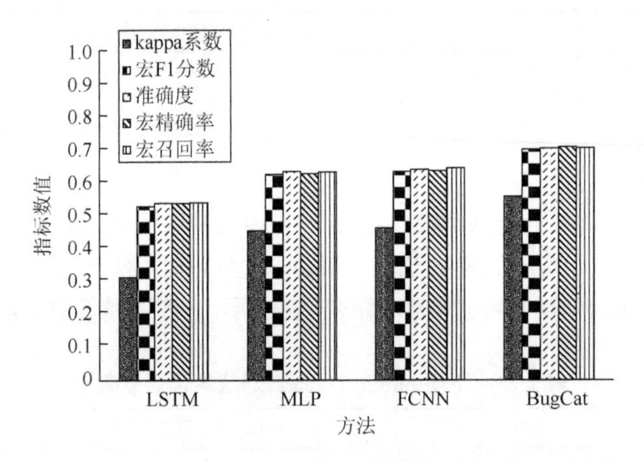

图 2.13　数据子集 2 上 BugCat 和基线方法在 5 个评估指标上的预测效果对比

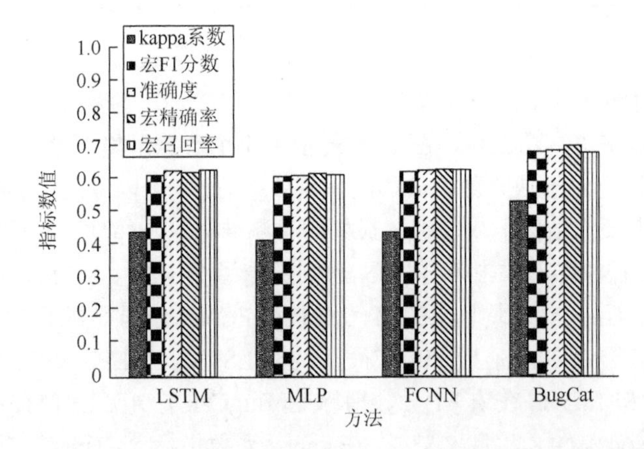

图 2.14　数据子集 3 上 BugCat 和基线方法在 5 个评估指标上的预测效果对比

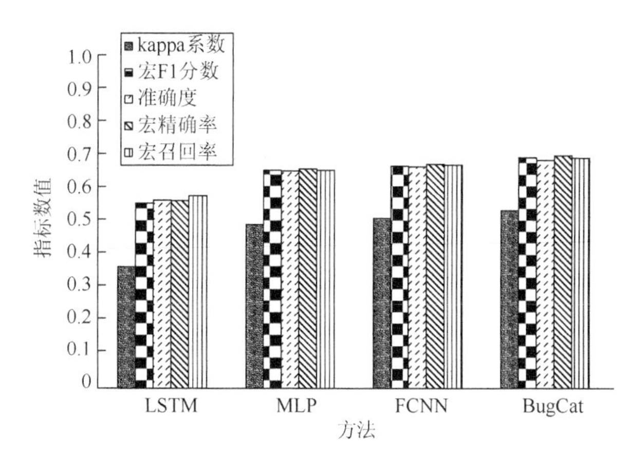

图 2.15　数据子集 4 上 BugCat 和基线方法在 5 个评估指标上的预测效果对比

实验中，BugCat 采用了 5 种模态的时间序列信息，而基线方法仅使用了缺陷数量的时间序列信息，综合考虑不同模态信息使 BugCat 具有两方面优势。一方面，不同模态的信息可以互相补充，可以增强模型的学习能力。另一方面，不同模态的信息可以共享，模型可以学习到其中的一致性信息。因此，BugCat 能够获得最好的缺陷数量分类结果。

3）研究问题 3 的实验分析

由研究问题 2 可知，不同模态的时间序列信息是 BugCat 取得最好缺陷数量分类预测效果的原因。但是，各模态对 BugCat 的预测影响目前是未知的。为了回答研究问题 3，本节对不同模态进行消融实验，探究各模态对 BugCat 预测性能的影响。

在 BugCat 的基础上，通过移除某个模态的时间序列输入获得 BugCat 的变体。具体地，移除模态 X^{dw}，获得模型 BugCat-I。移除模态 X^{do}，获得模型 BugCat-II。移除模态 X^{sev}，获得模型 BugCat-III。移除模态 X^{pri}，获得模型 BugCat-IV。在 4 个数据子集上，对比 BugCat 和 4 个变体模型的缺陷数量分类预测结果，分析各模态对 BugCat 的缺陷数量分类影响。

表 2.26 展示了 BugCat 和 4 个变体模型在 4 个数据子集上的 5 个指标的平均值与标准偏差。可以明显看出，BugCat 的缺陷数量分类预测结果优于其他 4 个变体模型。因此，只有综合 5 个模态的时间序列信息，才能获得最好的缺陷数量分类预测结果。

表 2.26　BugCat 和 4 个变体模型的 5 个指标的平均值与标准偏差

模型	准确度	宏精确率	宏召回率	宏 F1 分数	kappa 系数
BugCat-I	0.6794±0.0115	0.6906±0.0091	0.6843±0.0099	0.6821±0.0105	0.5158±0.0170
BugCat-II	0.6801±0.0157	0.6973±0.0146	0.6858±0.0170	0.6848±0.0165	0.5186±0.0250

续表

模型	准确度	宏精确率	宏召回率	宏 F1 分数	kappa 系数
BugCat-III	0.6886±0.0092	0.7023±0.0086	0.6912±0.0076	0.6912±0.0078	0.5299±0.0158
BugCat-IV	0.6794±0.0168	0.6974±0.0189	0.6814±0.0201	0.6818±0.1870	0.5158±0.0278
BugCat	**0.7122±0.0115**	**0.7266±0.0149**	**0.7111±0.0144**	**0.7130±0.0137**	**0.5652±0.0191**

注：粗体表示最好的预测性能

进一步分析，不同的变体模型与 BugCat 的缺陷数量分类预测结果的差距不同。首先，BugCat-III是 4 个变体模型中预测效果最好的，这意味着，缺陷严重程度模态对 BugCat 的影响最小。这是因为缺陷严重程度较高的软件缺陷只占所有缺陷很少的一部分，大部分缺陷都是相同的严重程度，导致其对缺陷数量水平预测的帮助较小。其次，在 4 个变体模型中，BugCat-II的预测结果仅次于 BugCat-III，说明工作日模态比缺陷严重程度模态对 BugCat 的影响更大。再次，BugCat-IV 的缺陷数量分类预测结果在 4 个变体模型中排名第 3，表明缺陷优先级模态相比前两个模态（工作日模态和缺陷严重程度模态）对 BugCat 更重要。最后，BugCat-I 是 4 个变体模型中表现最差的，这表明周模态是 4 个模态中对 BugCat 最重要的模态。

2.6 本 章 小 结

在软件缺陷倾向性预测中，软件缺陷数据集中存在类不均衡、度量元冗余和初始项目历史缺陷数据稀缺问题。

对于类不均衡问题，抽样方法是解决该问题的有效方法之一。通过对基于抽样的软件缺陷预测中各影响因素进行研究，我们发现，抽样后正负样本比例对软件缺陷预测结果没有显著影响；只有抽样方法与机器学习算法的组合才能显著影响软件缺陷预测结果，其中，SP-RF 是最具优势的算法组合。针对 SP-RF 的 FPR 过高问题，提出了 IBSBA-RF 算法，有效降低了 SP-RF 的 FPR。

对于度量元冗余问题，本章提出了 FilterPre 方法，该方法通过 Filter 层对度量元进行有效过滤，通过 focal loss 成本敏感函数处理类不均衡问题。为了验证所提出的方法，本章在收集的 Tomcat、Ant、Kafka 和 Kylin 缺陷数据集上进行实验。结果表明，FilterPre 方法能够有效地对度量元进行过滤，并且能获得比基线方法更好的软件缺陷预测效果。

对于初始项目历史缺陷数据稀缺问题，本章提出了 DAANAEs 方法。通过在 Tomcat、Ant、Kafka 和 Kylin 两两之间进行跨项目缺陷预测，本章对 DAANAEs

的有效性进行了验证。实验结果表明，虽然DAANAEs并不总能获得可接受的跨项目软件缺陷预测结果，但是相较于经典的跨项目软件缺陷预测方法，DAANAEs能够获得更好的效果。

同时，由于缺陷报告提交和修复延迟、缺陷重复提交、数据噪声问题的存在，较难对软件缺陷数量进行准确的时间序列预测。此外，软件缺陷数量不仅和历史缺陷数量信息相关，而且和缺陷的其他属性也相关。因此，本章提出了基于多模态学习的软件缺陷数量分类预测算法BugCat，该算法通过将多种数据进行有效融合，对未来每天的软件缺陷数量水平进行预测。通过在Mozilla Firefox数据集上进行实验，我们对BugCat的预测效果进行了验证。实验结果表明，BugCat可以进行准确的缺陷数量水平预测，并且，有效的数据融合能够更好地提升软件缺陷数量水平预测效果。

参考文献

Allan Cheyne J，Solman G J F，Carriere J S A，et al. 2009. Anatomy of an error：a bidirectional state model of task engagement/disengagement and attention-related errors[J]. Cognition，111（1）：98-113.

Anbu M，Anandha Mala G S. 2019. Feature selection using firefly algorithm in software defect prediction[J]. Cluster Computing，22：10925-10934.

Arar Ö F，Ayan K. 2017. A feature dependent Naive Bayes approach and its application to the software defect prediction problem[J]. Applied Soft Computing，59：197-209.

Cai J，Luo J W，Wang S L，et al. 2018. Feature selection in machine learning：a new perspective[J]. Neurocomputing，300：70-79.

Cao Q M，Sun Q，Cao Q H，et al. 2015. Software defect prediction via transfer learning based neural network[C]. The 2015 First International Conference on Reliability Systems Engineering. Beijing.

Chawla N V，Bowyer K W，Hall L O，et al. 2002. SMOTE：synthetic minority over-sampling technique[J]. Journal of Artificial Intelligence Research，16：321-357.

Ghotra B，McIntosh S，Hassan A E. 2015. Revisiting the impact of classification techniques on the performance of defect prediction models[C]. The 2015 IEEE/ACM 37th IEEE International Conference on Software Engineering. Florence.

Ghotra B，McIntosh S，Hassan A E. 2017. A large-scale study of the impact of feature selection techniques on defect classification models[C]. The 2017 IEEE/ACM 14th International Conference on Mining Software Repositories. Buenos Aires.

Gray D，Bowes D，Davey N，et al. 2011. The misuse of the NASA metrics data program data sets for automated software defect prediction[C]. The 15th Annual Conference on Evaluation & Assessment in Software Engineering. Durham.

Ha J，Lee J S. 2016. A new under-sampling method using genetic algorithm for imbalanced data classification[C]. The 10th International Conference on Ubiquitous Information Management and Communication. Danang.

Han H，Wang W Y，Mao B H. 2005. Borderline-SMOTE：a new over-sampling method in imbalanced data sets learning[C]. The Advances in Intelligent Computing：International Conference on Intelligent Computing. Hefei.

He P，Li B，Liu X，et al. 2015. An empirical study on software defect prediction with a simplified metric set[J]. Information and Software Technology，59：170-190.

He Z M，Shu F D，Yang Y，et al. 2012. An investigation on the feasibility of cross-project defect prediction[J]. Automated Software Engineering，19：167-199.

Jiang T，Tan L，Kim S. 2013. Personalized defect prediction[C]. The 28th IEEE/ACM International Conference on Automated Software Engineering. Silicon Valley.

Jing X Y，Wu F，Dong X W，et al. 2015. Heterogeneous cross-company defect prediction by unified metric representation and CCA-based transfer learning[C]. The 2015 10th Joint Meeting on Foundations of Software Engineering. Bergamo.

Kemerer C F，Slaughter S. 1999. An empirical approach to studying software evolution[J]. IEEE Transactions on Software Engineering，25（4）：493-509.

Khoshgoftaar T M，Gao K H，Napolitano A. 2012. An empirical study of feature ranking techniques for software quality prediction[J]. International Journal of Software Engineering and Knowledge Engineering，22（2）：161-183.

Laradji I H，Alshayeb M，Ghouti L. 2015. Software defect prediction using ensemble learning on selected features[J]. Information and Software Technology，58：388-402.

Last F，Douzas G，Bacao F. 2017. Oversampling for imbalanced learning based on K-means and SMOTE[EB/OL]. https://arxiv.org/pdf/1711.00837.pdf[2023-11-23].

Li M，Zhang H Y，Wu R X，et al. 2012. Sample-based software defect prediction with active and semi-supervised learning[J]. Automated Software Engineering，19：201-230.

Lin T Y，Goyal P，Girshick R，et al. 2017. Focal loss for dense object detection[C]. The 2017 IEEE International Conference on Computer Vision. Venice.

Long M S，Cao Y，Wang J M，et al. 2015. Learning transferable features with deep adaptation networks[C]. The 32nd International Conference on Machine Learning. Lille.

Ma Y，Luo G C，Zeng X，et al. 2012. Transfer learning for cross-company software defect prediction[J]. Information and Software Technology，54（3）：248-256.

Menzies T，Dekhtyar A，Distefano J，et al. 2007. Problems with precision：a response to “Comments on ‘data mining static code attributes to learn defect predictors’” [J]. IEEE Transactions on Software Engineering，33（9）：637-640.

Menzies T，Nichols W，Shull F，et al. 2017. Are delayed issues harder to resolve? Revisiting cost-to-fix of defects throughout the lifecycle[J]. Empirical Software Engineering，22：1903-1935.

Nam J，Pan S J，Kim S. 2013. Transfer defect learning[C]. The 2013 35th International Conference on Software Engineering. San Francisco.

Ostrand T J，Weyuker E J，Bell R M. 2010. Programmer-based fault prediction[C]. The 6th International Conference on Predictive Models in Software Engineering. Timişoara.

Pati J，Kumar B，Manjhi D，et al. 2017. A comparison among ARIMA，BP-NN，and MOGA-NN for software clone evolution prediction[J]. IEEE Access，5：11841-11851.

Pati J，Shukla K K. 2014. A comparison of ARIMA，neural network and a hybrid technique for Debian bug number prediction[C]. The 2014 International Conference on Computer and Communication Technology. Allahabad.

Peters F，Menzies T，Marcus A. 2013. Better cross company defect prediction[C]. The 2013 10th Working Conference on Mining Software Repositories. San Francisco.

Reason J. 1990. Human Error[M]. Manchester：The University of Manchester.

Runeson P，Alexandersson M，Nyholm O. 2007. Detection of duplicate defect reports using natural language processing[C]. The 29th International Conference on Software Engineering. Minneapolis.

Shaft T M，Vessey I. 2006. The role of cognitive fit in the relationship between software comprehension and modification[J]. MIS Quarterly，30（1）：29-55.

Shepperd M，Song Q B，Sun Z B，et al. 2013. Data quality：some comments on the NASA software defect datasets[J]. IEEE Transactions on Software Engineering，39（9）：1208-1215.

Srivastava N，Hinton G，Krizhevsky A，et al. 2014. Dropout：a simple way to prevent neural networks from overfitting[J]. Journal of Machine Learning Research，15：1929-1958.

Tong H N，Liu B，Wang S H. 2018. Software defect prediction using stacked denoising autoencoders and two-stage ensemble learning[J]. Information and Software Technology，96：94-111.

Turhan B，Menzies T，Bener A B，et al. 2009. On the relative value of cross-company and within-company data for defect prediction[J]. Empirical Software Engineering，14：540-578.

Wang S，Yao X. 2013. Using class imbalance learning for software defect prediction[J]. IEEE Transactions on Reliability，62（2）：434-443.

Wang T J，Zhang Z W，Jing X Y，et al. 2016. Multiple kernel ensemble learning for software defect prediction[J]. Automated Software Engineering，23：569-590.

Wei H，Hu C Z，Chen S Y，et al. 2019. Establishing a software defect prediction model via effective dimension reduction[J]. Information Sciences，477：399-409.

Wu W J，Zhang W，Yang Y，et al. 2010. Time series analysis for bug number prediction[C]. The 2nd International Conference on Software Engineering and Data Mining. Chengdu.

Xu Z，Liu J，Luo X P，et al. 2019a. Software defect prediction based on kernel PCA and weighted extreme learning machine[J]. Information and Software Technology，106：182-200.

Xu Z，Pang S，Zhang T，et al. 2019b. Cross project defect prediction via balanced distribution adaptation based transfer learning[J]. Journal of Computer Science and Technology，34：1039-1062.

Yang X X，Tang K，Yao X. 2015. A learning-to-rank approach to software defect prediction[J]. IEEE Transactions on Reliability，64（1）：234-246.

Yu C H，Wang J D，Chen Y Q，et al. 2019. Transfer learning with dynamic adversarial adaptation network[C]. The 2019 IEEE International Conference on Data Mining（ICDM）. Beijing.

Zhang H Y. 2008. An initial study of the growth of eclipse defects[C]. The 2008 International Working Conference on Mining Software Repositories. Leipzig.

Zimmermann T，Nagappan N，Gall H，et al. 2009. Cross-project defect prediction：a large scale experiment on data vs. domain vs. process[C]. The 7th Joint Meeting of the European Software Engineering Conference and the ACM SIGSOFT Symposium on the Foundations of Software Engineering. Amsterdam.

第3章 开源软件项目缺陷分配

开源软件项目缺陷分配，即向开发人员分配新的缺陷报告以便及时有效地解决软件项目缺陷，这对于保证开源软件开发质量至关重要。随着软件系统规模的不断扩大，越来越多的缺陷被开发人员和用户提交到项目的缺陷库中，然而很难将项目缺陷分配给适当的开发人员来进行软件修复。因此，本章将探究开源软件项目缺陷分配方法以实现对软件缺陷的自动分配。本章的3.1节～3.3节为与软件缺陷分配相关的内容，分别介绍了基于缺陷相似度和开发者排名的开源软件缺陷分配方法、基于主题模型的开源软件缺陷分配方法、基于主题建模和异构网络分析的开源软件缺陷分配方法。

3.1 基于缺陷相似度和开发者排名的开源软件缺陷分配方法

基于缺陷相似度和开发者排名的开源软件缺陷分配方法通常包括三个主要步骤。首先，从历史缺陷报告数据库中提取一组与新缺陷报告相似度较高的相似缺陷报告集合。其次，评估相似缺陷报告集合中参与开发者的经验和能力水平。最后，根据开发者评估结果将新缺陷报告分配给排名靠前的开发者。下面将针对上述主要环节进行逐一介绍，并在大型开源软件项目 Mozilla Firefox 的缺陷报告数据上实现基于缺陷相似度和开发者排名的开源软件缺陷分配算法。

3.1.1 软件缺陷报告文本表示

开源软件缺陷报告仓库中的历史缺陷报告中除了本身的缺陷报告标题和描述性文本内容以外，参与修复该缺陷的开发者发表的评论内容是对缺陷报告内容的有效补充，其中往往包含了缺陷的原因、定位、解决方法等信息（Wu et al.，2011）。因而，对于历史缺陷报告，本节将其标题、描述性文本、参与者评论均作为该缺陷报告的文本内容。新提交的缺陷报告尚无开发者参与修复，其文本内容仅包含标题和描述性文本内容。度量缺陷报告之间的文本相似度的前提是对其文本内容进行提取和表示。现有的研究已经提出了多种文本表示方法，如词袋（bag-of-words，BoW）模型（Zhang et al.，2010）、词频-逆文本频率（term frequency-inverse document frequency，TF-IDF）模型、词向量（word2vec）模型、n 元（n-gram）模型（Brown et al.，1992）、深度神经网络模型（Devlin et al.，2019）、第三代通用预训练转换器（generative pre-trained transformer 3，GPT-3）模型（Brown et al.，2020）等。本节以词袋模型结合 TF-IDF 模型进行文本表示，其他表示方法可由读者进行探究。

提取缺陷报告文本内容主要包括文本分词、提取词干、词形还原、剔除停用词。通过以上步骤将缺陷报告的文本内容转换为独立的词项，进一步地，可以采用文本表示方法，将缺陷报告的文本内容转换为向量表示。

本节采用词袋模型结合 TF-IDF 方法将缺陷报告文本内容进行向量化表示。词袋模型首先从所有历史缺陷报告文本内容中导出词典，词袋模型不考虑缺陷报告内容中每个词项出现的次序，而是直接将每个缺陷报告表示为与词典长度相同的向量。

进一步地，本节采用 TF-IDF 方法对缺陷报告文本中包含的每个词项进行赋权。TF-IDF 方法是一种统计方法，用来评估一个词项对于语料库中的一个文本内容的重要程度。词项的重要性与其在文本中出现的次数成正比，但与它在整个语料库中出现的次数成反比。该方法的基本思想是如果某个词项在一个文本中频繁出现（TF 高），而该词项在其他文本中出现的频率较低（DF 低），说明该词项在当前文本中较为重要，则对该词项在当前文本中赋予较大的权重。

具体而言，TF-IDF 方法的主要计算过程如式（3.1）～式（3.3）所示。式（3.1）中，$\mathrm{TF}_{i,j}$ 表示词项 t_i 在第 j 个缺陷报告文本 d_j 中出现的频率，$n_{i,j}$ 表示词项 t_i 在第 j 个缺陷报告文本 d_j 中出现的次数，分母表示缺陷报告文本 d_j 中包含的词项的总频次。式（3.2）中，IDF_i 表示词项 t_i 的逆文本频率，分子 $|D|$ 表示历史缺陷报告的总数，分母表示词项 t_i 在缺陷报告文本 d_j 中出现的次数，分母加 1 是为了平滑以避免分母为 0。式（3.3）中，$w_{i,j}$ 表示缺陷报告文本 d_j 中词项 t_i 的权重，其值等于该词项的 TF-IDF 值，即 TF-IDF 值等于该词项在缺陷报告文本 d_j 中的词频 $\mathrm{TF}_{i,j}$ 与其在整个语料库中的逆文本频率 IDF_i 的乘积。在实际应用中，会对词项的 TF-IDF 值进行归一化处理，此处不再赘述。

$$\mathrm{TF}_{i,j} = \frac{n_{i,j}}{\sum_k n_{k,j}} \tag{3.1}$$

$$\mathrm{IDF}_i = \frac{|D|}{|\{j : t_i \in d_j\}| + 1} \tag{3.2}$$

$$w_{i,j} = \mathrm{TF\text{-}IDF}_{i,j} = \mathrm{TF}_{i,j} \times \mathrm{IDF}_i \tag{3.3}$$

通过上述词袋模型与 TF-IDF 方法对缺陷报告文本的处理，缺陷报告可以进一步表示为向量形式，即 $d_j = \{w_{1,j}, w_{2,j}, \cdots, w_{n,j}\}$，其中，$n$ 表示词典中的词项数量。将缺陷报告表示为向量形式后，即可在缺陷报告之间对其进行文本相似度量。

3.1.2 度量缺陷报告相似度

度量缺陷报告之间的相似度是指通过计算新提交的缺陷报告与缺陷仓库中的历史缺陷报告之间的文本相似度来构建相似缺陷报告集合。

根据 3.1.1 节所述，将缺陷报告文本内容表示为向量形式后，即可通过相似性度量指标度量文本相似性。本节采用经典的余弦相似度指标，度量新提交的缺陷报告与历史缺陷报告之间的文本相似度，其计算方法如式（3.4）所示。

$$\mathrm{sim}\left(d_{\mathrm{new}}, d_{\mathrm{his}}\right)=\frac{d_{\mathrm{new}} \cdot d_{\mathrm{his}}}{\left|d_{\mathrm{new}}\right| \times\left|d_{\mathrm{his}}\right|} \tag{3.4}$$

进一步地，根据计算得到的新缺陷报告与各个历史缺陷报告之间的相似度，本节采用 K-近邻方法（Tuncer and Ertam，2020）找出与新缺陷报告 d_{new} 最相似的 K 个历史缺陷报告，组成相似缺陷报告集合 $\mathrm{SimSet}(d_1, d_2, \cdots, d_K)$。从相似缺陷报告集合中，算法将能够推导出每个缺陷报告的参与者，这些参与者将被标记为候选开发者，通过对这些候选开发者进行排名，将缺陷报告分配给合适的开发者。

3.1.3 开源软件开发者排名

根据 3.1.2 节中构建的相似缺陷报告集合，以及从中提取出的候选开发者，本节进一步对这些候选开发者进行排名，并推荐其中排名靠前的开发者作为合适的缺陷修复人。

对相似缺陷报告中导出的开发者进行有效排序本质上是根据开发者在相似缺陷报告中的工作经验和能力进行排序，据此可以采用多种不同类型的排序方式。本节介绍一种基于参与频次的开发者排序方法和一种基于社交网络（Scott et al.，1996）的开发者排序方法。

基于参与频次的开发者排序方法首先统计相似缺陷报告集合中每位开发者的参与次数（一名开发者在一个缺陷报告中可能多次发表评论，因而参与多次）。其次，根据参与次数从高到低对开发者进行排序。其基本思想在于，一名开发者在相似缺陷报告中的参与次数越多，表明该开发者的参与行为越积极，表现出对同类缺陷报告更高的兴趣；并且，他在相关领域积累了较为丰富的经验，更加适合处理新提交的缺陷报告。

基于社交网络的开发者排序方法首先根据相似缺陷报告集合，以及其中的参与者，构建社交网络。进而，采用社交网络相关评价指标以及算法对开发者进行排序。以新缺陷报告 d_{new} 的两个相似缺陷报告 d_1 和 d_2 为例，设缺陷报告 d_1 先后有

3名参与者{dev_1,dev_2,dev_3}，缺陷报告d_2先后有2名参与者{dev_1,dev_3}。缺陷报告的参与者之间存在着先后关系，后参与的开发者往往参考了先参与的开发者的意见和评论，因而开发者之间的社交网络是一个有向图。此外，根据式（3.4）计算得到缺陷报告之间的相似度分别为$\mathrm{sim}(d_{new},d_1)$和$\mathrm{sim}(d_{new},d_2)$，缺陷报告之间的相似度将作为社交网络中开发者之间的连接权重。这里的基本思想是，dev_1是相对“积极的”开发人员，其每次都是首先发起缺陷解决，而dev_3是相对“沉着的”开发人员，其每次都在参考其他开发人员的意见之后提出自己的解决办法。因此，在具体的缺陷解决过程中，推荐具有何种特征的开发人员是本项研究所需要重点关注的问题。

如图3.1所示，根据开发者参与缺陷报告的先后关系，在合作修复缺陷报告d_1的过程中形成的社交网络关系为：dev_3指向dev_2，再由dev_2指向dev_1。同理，在缺陷报告d_2中，由dev_3指向dev_1。此外，dev_1与dev_2共同参与了一个缺陷报告d_1，故两者之间的连接权重为$\mathrm{sim}(d_{new},d_1)$。同理，$dev_2$与$dev_3$之间的连接权重也为$\mathrm{sim}(d_{new},d_1)$。$dev_1$与$dev_3$共同参与了两个缺陷报告$d_1$和$d_2$，故两者之间的合作关系更加紧密，两者之间的连接权重为$\mathrm{sim}\left(d_{new},d_1\right)+\mathrm{sim}\left(d_{new},d_2\right)$。

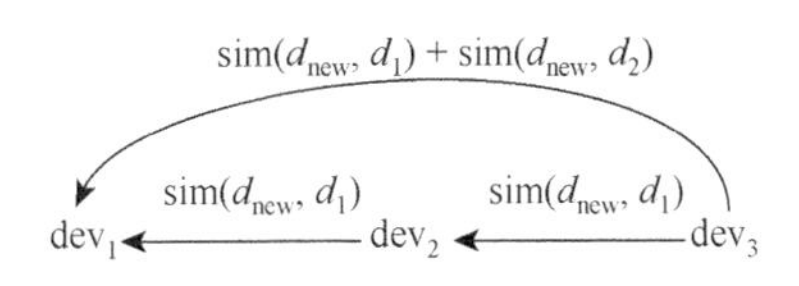

图3.1 开发者社交网络示意图

根据前述的社交网络构建方法，建立起以开发者为节点的有向赋权社交网络后，即可通过社交网络中的节点重要性指标对开发者进行评价和排序（Yang and Xie，2016），下面介绍几种常用的社交网络节点重要性评价指标。

（1）入度（in-degree）：进入某个节点的边的数目。

（2）出度（out-degree）：从某个节点出发的边的数目。

（3）度中心性（degree centrality）：图中与某个节点相连的边的数目。

（4）中介中心性（betweenness centrality）：基于最短路径针对网络图的中心性的衡量标准之一。针对全连接网络，其中任意两个节点之间至少存在一个最短路径，加权网络图中该最短路径即为所有路径中所包含的边的权重之和为最小值的路径。每个节点的中介中心性即为这些最短的路径穿过该节点的次数。

（5）接近中心性（closeness centrality）：通过衡量某个节点到其他所有节点的距离来衡量该节点所处位置的中心程度。距离越大说明该节点处于网络的边缘，则接近中心性越小，距离越小说明该节点处于网络的中心，则接近中心性越大。其计算方法为该节点到其他所有节点的最短路径之和的倒数。

（6）网页排名［PageRank，参见 Brin 和 Page（1998）］：基本思想是在有向图上定义一个随机游走模型，即一阶马尔可夫链，描述随机游走者沿着有向图随机访问各个节点的行为；在一定条件的极限情况下，访问每个节点的概率收敛到平稳分布，各个节点的平稳概率值就是其 PageRank 值，表示节点的重要程度。

以上介绍了两类评价相似缺陷报告中参与开发者的经验水平的方法，分别是基于参与频次的方法和基于社交网络的方法。进一步地，基于社交网络的评价方法中介绍了 6 种不同类型的节点重要性评价指标，用于评价开发者在开发者合作网络中的重要性。

通过不同类型的评价指标，对相似缺陷报告集合中的参与开发者进行评分，进而根据评分的高低对开发者进行排序，根据排序结果将缺陷报告分配给评分较高的开发者予以修复。

3.1.4　算法实现

1. 研究问题

研究问题 1：超参数如何影响基于 K-近邻搜索和开发者排名的开源软件缺陷分配算法的性能（参数敏感性分析）？

研究问题 2：基于 K-近邻搜索和开发者排名的开源软件缺陷分配算法的性能表现如何（性能指标评价）？

2. 数据集

研究数据集收集于大型开源软件项目 Mozilla Firefox 的软件缺陷仓库，我们收集了自 2002 年 2 月至 2009 年 8 月被标识为“已修复”的缺陷报告共 9133 个，并对数据集进行如下步骤的数据清洗。第一，剔除仅有一名或两名开发者参与的缺陷报告，这类缺陷报告大多由单独的开发者独立完成修复，无须多名开发者协同处理。第二，剔除参与缺陷报告数量少于 10 个的参与者，此类参与者多为缺陷报告提交者或偶然性参与者（Nakakoji et al.，2002）。第三，剔除参与缺陷报告数量多于 1000 个的参与者，此类参与者为软件缺陷仓库管理人员，并非实际从事缺陷修复的开发者（Jensen and Scacchi，2007）。数据清洗完成后，保留了 5195 个缺陷报告用于实验。

表 3.1 展示了缺陷报告中参与人数的分布，从中可以看出 80%以上的缺陷报告由 3～6 人协同解决，平均每个缺陷报告由 4.8 名开发者协同修复。表 3.2 展示了开发者参与缺陷报告的数量分布，显然，参与缺陷报告数量在[10,50)的开发者占到了 60%以上。

表 3.1　缺陷报告中参与人数的分布

参与人数/人	缺陷报告数量/个
3	1642
4	1223
5	838
6	563
7	398
8	241
9	173
10	117

表 3.2　开发者参与缺陷报告的数量分布

缺陷报告数量/个	开发者数量/人
[10, 20)	481
[20, 30)	295
[30, 40)	217
[40, 50)	178
[50, 60)	153
[60, 70)	128
[70, 80)	112
[80, 90)	100
[90, 100)	93
[100, ∞)	81

3. 评价指标

开源软件缺陷分配任务中，算法将推荐若干个最合适的开发者解决该缺陷报告，若算法推荐的开发者中包含实际参与了该缺陷报告处理的开发者，并且排名靠前，则说明算法在缺陷报告分配中表现出较好的性能。本节采用召回率和精确率指标评价基于 K-近邻搜索和开发者排名的开源软件缺陷分配算法的性能。

精确率（precision）的计算方法如式（3.5）所示，其中，$\{\mathrm{dev}_1,\mathrm{dev}_2,\cdots,\mathrm{dev}_Q\}$ 表示算法推荐的 Q 名开发者，{GroundTruth} 表示实际参与了该缺陷报告处理的开发者。开源软件缺陷报告的解决往往由多名开发者协作完成，而不是仅由某一名开发者独立完成，因而此处的 $\{\mathrm{GroundTruth}\} \geqslant 1$。根据式（3.5），精确率衡量了算法推荐出的 Q 名开发者中，实际参与了该缺陷报告处理的人数占推荐的人数（Q）的比例。

$$\text{precision}=\frac{|\{\text{dev}_1,\text{dev}_2,\cdots,\text{dev}_Q\}\cap\{\text{GroundTruth}\}|}{|\{\text{dev}_1,\text{dev}_2,\cdots,\text{dev}_Q\}|} \tag{3.5}$$

召回率（recall）的计算方法如式（3.6）所示。根据式（3.6），召回率衡量了算法推荐出的 Q 名开发者中，实际参与了该缺陷报告处理的人数比例。在缺陷报告分配的研究背景下，每个缺陷报告由不同数量的开发者协作完成修复，因而相较于精确率而言，召回率是一个更加有效的评价指标。例如，某一缺陷报告由 4 名开发者完成修复（$|\{\text{GroundTruth}\}|=4$），当推荐 10 名开发者时，即使 4 名实际参与者已经被包含在推荐的 10 名开发者中，其精确率最高为 40%，而召回率为 100%。事实上，算法已经准确地将缺陷报告推荐给最合适的开发者，而精确率指标并未完全反映真实情况。

$$\text{recall}=\frac{|\{\text{dev}_1,\text{dev}_2,\cdots,\text{dev}_Q\}\cap\{\text{GroundTruth}\}|}{|\{\text{GroundTruth}\}|} \tag{3.6}$$

4. 实验设置

基于 K-近邻搜索和开发者排名的开源软件缺陷分配算法实验流程如图 3.2 所示。首先，根据 3.1.1 节将缺陷报告文本内容表示为向量形式。其次，根据 3.1.2 节，针对新缺陷报告，采用 K-近邻搜索从历史缺陷报告数据中构建相似缺陷报告集合，并提取其中参与的开发者；之后，根据 3.1.3 节，构建社交网络并采用社交网络节点重要性评价指标（out-degree、in-degree、degree centrality、betweenness

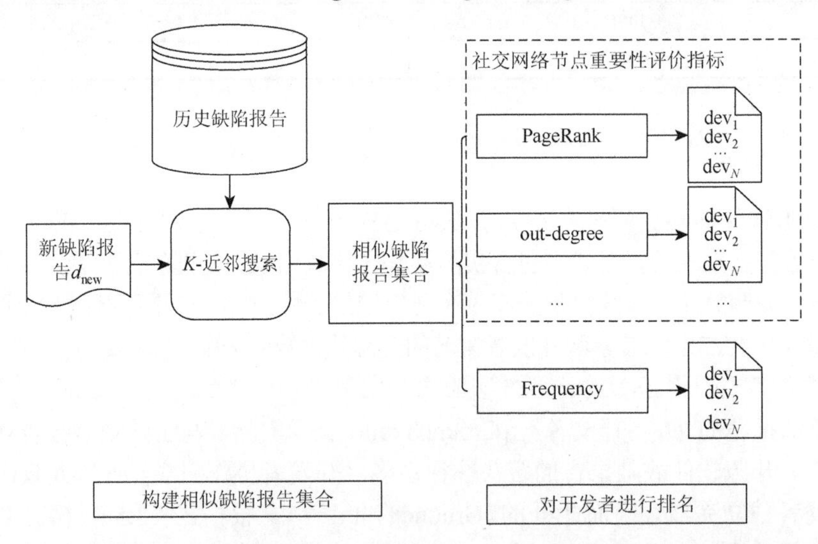

图 3.2　基于 K-近邻搜索和开发者排名的开源软件缺陷分配算法实验流程

centrality、closeness centrality、PageRank），或根据开发者的参与频次（Frequency）对每位开发者进行排名。再次，推荐排名最高的 Q 名开发者，将缺陷报告分配给这些开发者进行协同修复。最后，采用前述的评价指标评估算法的性能。

为确保实验结果的稳定性，如表 3.3 所示，我们将实验数据根据时间顺序分别构造 5 组测试集和训练集。我们将在 5 组数据上分别开展实验，并报告平均实验结果。

表 3.3　训练集、测试集划分

序号	训练集		测试集	
	数据量/个	时间跨度	数据量/个	时间跨度
1	4894	2001.05.27～2009.02.02	50	2009.02.04～2009.03.02
2	4944	2001.05.27～2009.03.02	50	2009.03.02～2009.03.30
3	4994	2001.05.27～2009.03.29	50	2009.03.30～2009.04.25
4	5044	2001.05.27～2009.04.24	50	2009.04.25～2009.05.25
5	5094	2001.05.27～2009.05.24	50	2009.05.25～2009.06.21

此外，我们选择多标签 K-近邻（multi-label K-nearest neighbor，ML-KNN）方法（Zhang and Zhou，2007）作为基准方法，与基于 K-近邻搜索和开发者排名的软件缺陷分配方法进行比较，以验证本节中所提出方法的有效性。

5. 结果分析

为了验证研究问题 1 中的 K-近邻搜索的超参数——最近邻数目 K 对于算法性能的影响，设置 K 的取值区间为[10,25]（Brin and Page，1998），并以间隔为 1 递增。图 3.3 展示了 K-近邻搜索的超参数 K 在不同取值条件下算法的召回率，即在不同的 K 值与 7 个开发者排序指标的组合下，推荐 10 名开发者时算法的召回率。结果表明，首先，以 Frequency、out-degree、degree centrality 作为开发者排序指标时，算法推荐结果明显优于其他 4 个指标。这三个指标与开发者在相似缺陷报告中的参与频次密切相关，这表明开发者的参与频次有效地反映了开发者在相似缺陷报告处理中的经验水平。其次，当 $K \geqslant 20$ 时，以 Frequency、out-degree、degree centrality 作为开发者排序指标的算法召回率均稳定在较高水平，表明在所使用的数据集中，K=20 应作为合适的最近邻数目。最后，当开发者排序指标为 Frequency、out-degree、in-degree、degree centrality、PageRank 时，召回率指标随 K 值的增加并未呈现明显波动。仅当 betweenness centrality 和 closeness centrality 作为开发者排序指标，且 $K<16$ 时，算法召回率出现了较大波动。这表明基于 K-近邻搜索和开发者排名的开源软件缺陷报告对参数 K 不敏感，算法稳定性和鲁棒性优异。

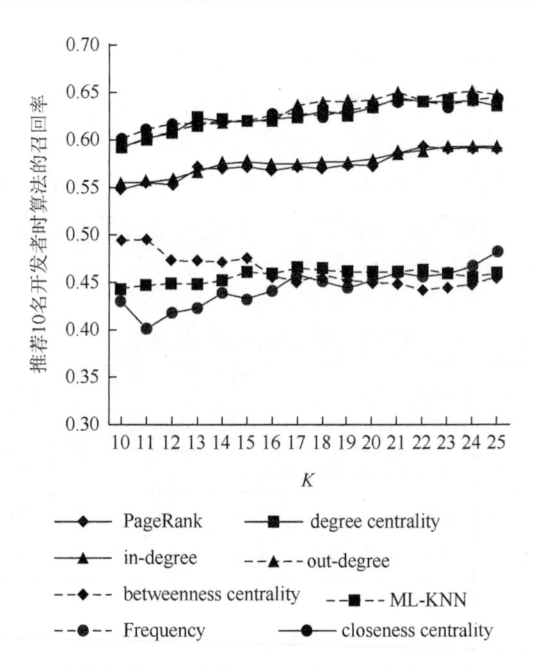

图 3.3　*K*-近邻搜索的超参数 *K* 在不同取值条件下算法的召回率

为了验证研究问题 1 中的开发者最低缺陷报告参与数量 *N* 对算法性能的影响，固定 *K*=20，设置 *N* 的取值区间为[10, 100]，并以间隔为 10 递增。图 3.4 展示了 *N* 在不同取值条件下算法的召回率，即在不同的 *N* 值与 7 个开发者排序指标的组合下，推荐 10 名开发者时算法的召回率。结果表明，算法对于参数 *N* 敏感，随着 *N* 的增加，算法性能呈现先上升后下降的趋势。当 *N* = 80 时，即剔除参与缺陷报告数量少于 80 的开发者条件下，基于 *K*-近邻搜索和开发者排名的开源软件缺陷分配算法达到最优性能。其原因在于，当 *N* 小于 80 时，随着 *N* 的增加，开发者社交网络中一些边缘节点逐渐被剔除掉，这些节点通常对应于项目的短期贡献者或偶然性参与者，他们对于开源软件缺陷修复并未做出长期贡献（Tan et al.，2020）。当 *N* 大于 80 时，社交网络的结构逐渐被破坏，出现孤立点等，这使得开发者排序指标的评估有效性减弱，因而模型性能逐渐下降。

对于基线方法 ML-KNN，随着 *N* 值的增大，其性能指标值持续增大。原因在于随着 *N* 值的增加，候选开发者数量逐步减少，社交网络中的节点逐步稀疏并且出现孤立点，而 ML-KNN 输出的标签稀疏性进一步降低也使得其性能指标值逐步提升。

上述结果针对研究问题 1 给出了答案。首先，以 Frequency、out-degree、degree centrality 作为开发者排序指标时，算法的性能明显优于其他排序指标。其次，基于 *K*-近邻搜索和开发者排名的软件缺陷分配方法对于超参数——最近邻数目 *K* 不

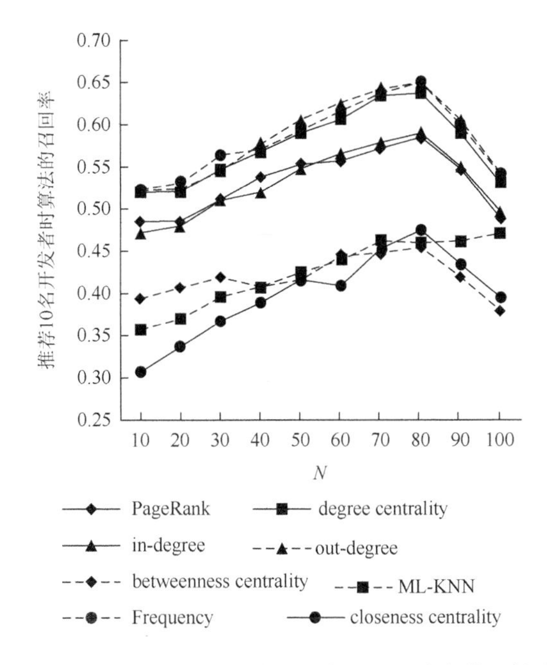

图 3.4　开发者最低缺陷报告参与数量 N 在不同取值条件下算法的召回率

敏感。最后，基于 K-近邻搜索和开发者排名的软件缺陷分配方法对于开发者最低缺陷报告参与数量 N 较为敏感，将该算法应用于不同的开源软件项目时，有必要对参数 N 进行调整优化。

为了验证研究问题 2，我们探究了推荐不同数量的开发者条件下的算法精确率指标和召回率指标，根据研究问题 1 中对参数敏感性的分析结果，当前实验设置超参数 $K=20$，$N=80$。

图3.5和图3.6分别展示了推荐不同数量的开发者条件下的精确率和召回率指标。结果表明，首先，当推荐 1 名开发者时，算法的精确率指标达到峰值 0.69，当推荐 10 名开发者时，算法的召回率指标达到峰值 0.65。以 Frequency、in-degree、out-degree、degree centrality、PageRank 作为排序指标的情况下，基于 K-近邻搜索和开发者排名的软件缺陷分配方法相比于基线方法 ML-KNN，在性能上表现出显著优势。其次，以 Frequency 作为排序指标的算法在精确率和召回率指标上均表现出最佳性能，这表明在相似缺陷报告集合中，采用开发者参与频次衡量开发者解决问题的经验是一个易于实现且有效的排序指标。最后，在基于社交网络的排序指标中，以 degree centrality、out-degree 为排序指标的算法接近最优性能，这表明社交网络中频繁与其他参与者寻求合作的开发者更加具备解决新缺陷报告的潜力。

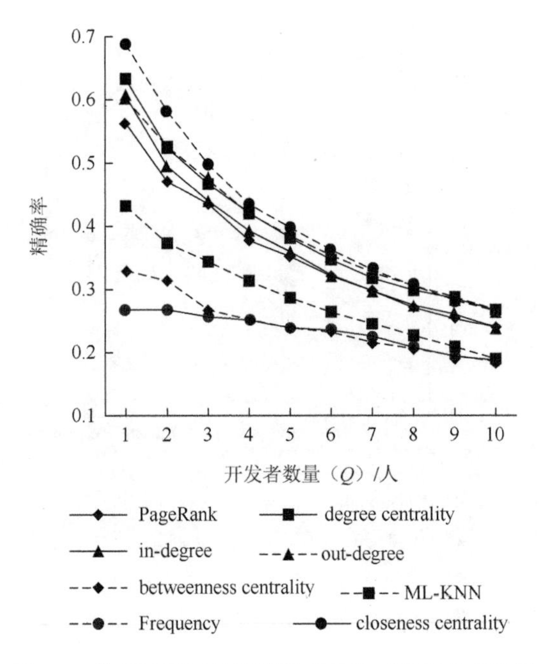

图 3.5 推荐不同数量的开发者条件下的精确率指标

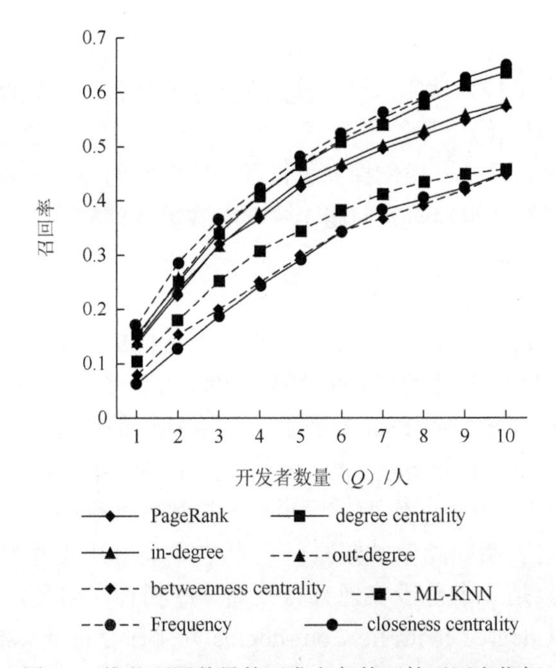

图 3.6 推荐不同数量的开发者条件下的召回率指标

上述研究结果针对研究问题 2 给出了答案。首先，基于 *K*-近邻搜索和开发者排名的软件缺陷分配算法在推荐 10 名开发者时，能够达到 0.65 的召回率。相较于开源软件社区中超过 1000 名的开发者，已经达到可接受的召回率，缺陷分配效率较高，能够显著降低大型开源软件项目中缺陷管理的工作量。其次，采用开发者在相似缺陷报告中的参与频次作为开发者排序指标即可获得优异的算法性能，这使得算法简洁，具备在大规模数据上应用的潜力。

3.2　基于主题模型的开源软件缺陷分配方法

3.2.1　开源软件缺陷报告主题建模

开源软件缺陷报告主题建模是指根据软件缺陷报告中的描述性文本内容（摘要、详细描述），采用主题建模算法推测每个缺陷报告的主题分布，并将其以概率分布的形式给出。LDA 主题模型（Campbell et al.，2015）作为一种成熟有效的主题建模方法，被研究者广泛应用于开源软件缺陷报告的主题建模（Xie et al.，2012；Zhang et al.，2014）。因此，本节以 LDA 主题模型为例，深入探讨基于主题模型的开源软件缺陷分配方法。

LDA 主题模型是一种典型的词袋模型，其基本思想是将每个文档视为不同的主题的集合，并将每个主题视为不同词项的集合，通过文档-主题-词项的集合，LDA 在基于概率分布的基础上给出文档-主题分布。

对于开源软件缺陷报告的主题建模，可以划分为三个主要步骤。第一，对缺陷报告中的描述性文本内容进行提取和清洗。具体而言，包括文本分词、剔除停用词、提取词干、词形还原等。第二，采用 LDA 主题模型对清洗后的开源软件缺陷报告文本内容进行主题建模。第三，通过调整参数得到优化的主题数量，并通过 LDA 模型得出每个缺陷报告的主题概率分布。

采用 LDA 主题模型对缺陷报告文本内容进行特征提取具备以下几个优点。首先，LDA 主题模型直接在非结构化的文本数据上进行建模，因而节省了对文本中的词项进行编码等复杂的预处理工作。其次，LDA 主题模型简洁，应用广泛，需要调整的主要参数包括主题数量、迭代次数，以及狄利克雷分布中的两个参数 α 和 β 。再次，LDA 主题模型作为一种无监督的主题建模算法，无须预先对文本数据进行人工标注，仅由模型根据文本语料从中发现和提取主题（Thomas，2011）。最后，LDA 主题模型具备良好的可扩展性，因而在大规模数据处理与实时处理方面具备良好的应用潜力（Porteous et al.，2008）。

以大型开源软件项目 Eclipse JDT 项目的软件缺陷报告数据为例，使用 LDA 主题模型进行建模，从中提取 20 个主题。表 3.4 列举了其中的 4 个主题，并展示了每个主题中排名前 10 的词项。排名前 10 的这些词项具备较强的代表性。在从属于这一主题的缺陷报告文本中，这些词较为频繁地出现。以主题 1 为例，根据其排名前 10 的词项，我们能够推测出该主题主要是关于菜单页面、选项卡等相关用户界面。

表 3.4　Eclipse JDT 项目中的 4 个主题及其相关词项

排名	主题 1	主题 2	主题 3	主题 4
1	menu	source	jre	launch
2	action	package	default	debug
3	selection	folder	path	run
4	view	jar	classpath	context
5	context	files	add	default
6	show	create	workspace	config
7	editor	src	settings	resource
8	clean	explorer	library	dialog
9	open	path	container	remote
10	add	copy	set	tab

进一步地，我们可以通过 LDA 主题模型获取每个缺陷报告在各个主题上的概率分布。以表 3.5 为例，其中列举了 5 个缺陷报告在 3 个主题上的概率分布。每个缺陷报告属于各个主题的概率之和为 1，其中粗体字标明了该缺陷报告的主题概率分布中概率的最大值，其对应的主题即为该缺陷报告所属的主题。以缺陷报告 1 为例，从表 3.5 中可以看出缺陷报告 1 从属于主题 1 的概率为 0.5623，明显大于从属于其他两个主题的概率，因而本节将缺陷报告 1 的主题标记为主题 1。

表 3.5　缺陷报告主题概率分布示例

缺陷报告编号	主题 1	主题 2	主题 3
1	**0.5623**	0.1314	0.3063
2	0.2442	**0.6657**	0.0901
3	0.1793	0.0226	**0.7981**
4	0.4015	**0.5957**	0.0028
5	0.3328	0.0195	**0.6477**

3.2.2　开发人员与缺陷主题关联

开发人员与缺陷主题关联是指对于每位开发者而言，根据其历史上参与过的缺陷报告的主题概率分布，将该开发者与各个主题关联起来，进而刻画开发者的技能、兴趣、经验等。具体而言，可以分为两个主要环节，首先将开发者与缺陷报告关联起来；然后根据缺陷报告的主题概率分布，将开发者与主题关联起来。

首先，将开发者与缺陷报告关联起来，根据开源软件缺陷管理系统中的历史缺陷报告处理记录，能够导出由“缺陷报告–开发者”关系组成的二分图（Majeed and Rauf，2020）。二分图中的上下两类节点分别表示开发者和缺陷报告，其中的边表示参与关系。如图 3.7 所示，其中开发者 dev-32 参与了 2 个缺陷报告的处理，分别是 bug-99644 和 bug-176579，而开发者 dev-24 参与了 3 个缺陷报告的处理，分别是 bug-99644、bug-27079 和 bug-199668，以上两位开发者共同参与了 bug-99644 的处理。采用二分图的形式，不仅能够清晰地表示开发者与缺陷报告之间的参与关系，并且能够发现开发者之间存在的合作关系。

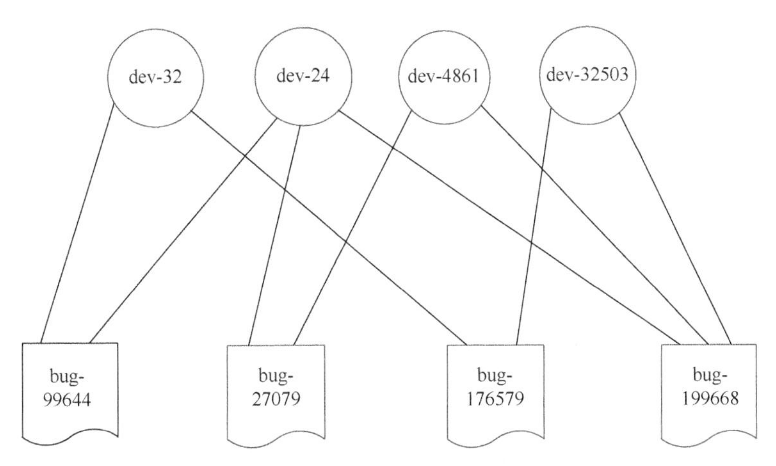

图 3.7 “缺陷报告–开发者”二分图

其次，基于由缺陷报告和开发者组成的二分图所反映的参与关系，结合缺陷报告的主题概率分布，将开发者与主题关联起来。具体而言，开发者与主题之间的联系可以通过条件概率来表示。在给定某一个主题的情况下，某位开发者适合解决属于该主题的缺陷报告的概率，即 $P(\text{dev} \mid \text{topic})$ 的计算方式如式（3.7）所示，其中 topic 表示主题建模后得到的某个主题， dev 表示某一位开发者。

$$P(\text{dev} \mid \text{topic}) = \theta \times P(\text{dev} \to \text{topic}) + (1-\theta) \times P(\text{topic} \to \text{dev}) \tag{3.7}$$

如式（3.7）所示，开发者与主题相互关联的条件概率可以进一步分解为 $P(\text{dev} \to \text{topic})$ 与 $P(\text{topic} \to \text{dev})$ 的加权之和，其中 $\theta \in (0,1)$ 为超参数。$P(\text{dev} \to \text{topic})$ 表示开发者 dev 参与解决的所有的缺陷报告中，属于给定的 topic 的比例，反映了该开发者对这个主题的偏好程度，计算方法如式（3.8）所示。其中，$N_{\text{dev,topic}}$ 表示开发者 dev 参与的缺陷报告中属于主题 topic 的报告数量，N_{dev} 表示开发者 dev 参与解决的缺陷报告总数。

$$P(\text{dev} \to \text{topic}) = \frac{N_{\text{dev,topic}}}{N_{\text{dev}}} \tag{3.8}$$

概率 $P(\text{topic} \to \text{dev})$ 表示在所有的从属于给定主题 topic 的缺陷报告中，开发者 dev 参与的比例，反映了该开发者在该主题上的经验丰富程度，计算方法如式（3.9）所示。其中，N_{topic} 表示缺陷报告仓库中，所有从属于给定主题 topic 的缺陷报告数量。

$$P(\text{topic} \to \text{dev}) = \frac{N_{\text{dev,topic}}}{N_{\text{topic}}} \tag{3.9}$$

通过开发者与缺陷报告的参与关系，以及每个缺陷报告的主题概率分布，可以根据式（3.8）刻画开发者的主题偏好，根据式（3.9）刻画开发者在不同主题上的经验丰富程度。最后，根据式（3.7）以条件概率的形式，将开发者与主题联系起来，即在给定主题的条件下，得到一名开发者适合处理该主题下的缺陷报告的概率。

3.2.3 开发者推荐

缺陷报告分配旨在将新提交的缺陷报告（bug）分配给最适合解决该缺陷报告的开发者，即找出满足最大化条件概率 $P(\text{dev} \mid \text{bug})$ 的开发者 dev。

根据 3.2.1 节对开源软件缺陷报告文本内容进行主题建模，我们能够得到缺陷报告的主题概率分布，即给定一个缺陷报告 bug，它属于某一个主题 topic 的概率 $P(\text{topic} \mid \text{bug})$ 。根据 3.2.2 节将开发者与主题关联起来，我们能够得到一名开发者的兴趣偏好和经验水平适合于某个主题下的缺陷报告的概率，即给定一个主题 topic 和一名开发者 dev，该开发者适合解决属于该主题的缺陷报告的概率 $P(\text{dev} \mid \text{topic})$ 。

根据式（3.10），将一名开发者适合于每个主题的概率与缺陷报告从属于该主题的概率进行相乘后累加求和。进而，我们能够得到在给定新缺陷报告的条件下，每位开发者适合于解决该缺陷报告的概率，将以上概率降序排列后，算法推荐概率最大的前 Q 个开发者作为合适的缺陷报告修复人。

$$P(\text{dev} \mid \text{bug}) = \sum_{\text{topic}} P(\text{topic} \mid \text{bug}) \times P(\text{dev} \mid \text{topic}) \tag{3.10}$$

3.2.4 算法实现

1. 研究问题

为了探究基于主题模型的开源软件缺陷分配算法的实用性以及开发者的兴趣

偏好和经验水平对缺陷分配准确度的影响，我们通过设计实验探究以下两个研究问题。

研究问题 1：基于主题模型的开源软件缺陷分配算法的推荐效果如何（性能指标评价）？

研究问题 2：超参数 θ 如何影响基于主题模型的开源软件缺陷分配算法推荐效果（参数敏感性分析）？

2. 数据集

本节所用的实验数据来自两个大型开源软件项目——Eclipse JDT 和 Mozilla Firefox 的软件缺陷仓库。Eclipse JDT 项目采集了自 2001 年 10 月 10 日至 2010 年 6 月 16 日之间的缺陷报告数据，Mozilla Firefox 项目采集了自 2008 年 9 月 1 日至 2009 年 8 月 31 日的缺陷报告数据。然后，对提取的数据进行清洗：首先，剔除无人参与处理的缺陷报告；其次，剔除参与缺陷报告数量较少的开发者。数据清洗完成后，将数据根据时间顺序划分为训练集和测试集。在 Eclipse JDT 项目中，以 2001 年 10 月 10 日至 2009 年 1 月 31 日的共 2448 个缺陷报告为训练集，以 2009 年 2 月 1 日至 2010 年 6 月 16 日的共 110 个缺陷报告为测试集。在 Mozilla Firefox 项目中，以 2008 年 9 月 1 日至 2009 年 7 月 31 日的共 3003 个缺陷报告为训练集，以 2009 年 8 月 1 日至 2009 年 8 月 31 日的共 171 个缺陷报告为测试集。

3. 实验设置

基于主题模型的开源软件分配算法实验流程如下。第一，对数据集进行数据清洗，包括剔除无人参与的缺陷报告，剔除参与缺陷报告数量较少的开发者。第二，对缺陷报告的文本内容进行提取和清洗，包括提取词干、词形还原、剔除停用词。第三，采用 LDA 主题模型对缺陷报告的文本内容进行主题建模。第四，采用 3.2.2 节介绍的开发者与主题关联的方法将开发者与主题关联起来。第五，采用 3.2.3 节介绍的开发者推荐方法将缺陷报告分配给合适的开发者。第六，采用性能评价指标评估基于主题模型的开源软件缺陷分配算法性能。

软件缺陷报告的解决往往由多名开发者共同协作完成，因而算法的目的是推荐若干名最有可能适合处理指定的缺陷报告的开发者。根据实验数据集中的统计分析，Eclipse JDT 项目中平均每个缺陷报告由 2 名开发者协作予以解决，因而在该项目中，根据算法推荐的第 1～5 名开发者评估算法性能。Mozilla Firefox 项目中，平均每个缺陷报告由 5 名开发者协作予以解决，因而在该项目中，根据算法推荐的 2～7 名开发者（$2 \leqslant Q \leqslant 7$）评估算法性能。

4. 模型评价指标

开源软件缺陷分配任务中，算法将推荐若干个最合适的开发者解决该缺陷报告，若算法推荐的开发者中包含实际参与了该缺陷报告处理的开发者，并且排名靠前，则说明算法在缺陷报告分配中表现出较好的性能。我们采用召回率、精确率、F1 分数作为评价指标。F1 分数（F1 score）的计算方法如式（3.11）所示，F1 分数同时兼顾了算法的召回率和精确率，可以将其视为召回率和精确率的一种调和平均。

$$\text{F1 score} = \frac{2 \times \text{precison} \times \text{recall}}{\text{precison} + \text{recall}} \tag{3.11}$$

5. 结果分析

为了验证研究问题 1，我们开展实验探究推荐 1 至 5 名开发者进行缺陷修复的不同条件下，通过精确率和召回率两个指标评价基于主题建模的开源软件缺陷分配算法的性能。

表 3.6 展示了 Eclipse JDT 项目中的平均精确率和召回率结果。可以看出，随着推荐人数的增加，召回率指标呈现逐步上升趋势，原因在于随着推荐人数增加，越来越多的实际参与者被算法推荐出来。同时，精确率指标随着推荐人数的增加呈现先上升后下降的趋势，根据式（3.5），随着推荐人数 Q 的增加（分母增大），实际参与者逐渐被推荐出来（分子同时增大）。

表 3.6 Eclipse JDT 项目中的平均精确率/召回率

θ	top1	top2	top3	top4	top5
0	3%/3%	8%/14%	24%/67%	21%/78%	17%/81%
0.1	4%/4%	8%/15%	23%/65%	21%/77%	17%/81%
0.2	5%/5%	8%/15%	24%/68%	20%/76%	18%/82%
0.3	6%/5%	10%/18%	23%/68%	21%/77%	17%/81%
0.4	8%/6%	11%/20%	22%/63%	20%/76%	17%/81%
0.5	11%/7%	12%/22%	21%/60%	20%/75%	16%/70%
0.6	15%/10%	13%/25%	21%/58%	20%/75%	16%/76%
0.7	15%/14%	17%/32%	20%/56%	18%/69%	16%/75%
0.8	15%/14%	20%/37%	19%/53%	16%/61%	15%/67%
0.9	14%/14%	16%/30%	15%/41%	13%/49%	13%/60%
1.0	9%/9%	8%/15%	10%/29%	10%/37%	10%/44%

从表3.6中可以看出，当$\theta=0.2$且推荐前3名开发者时，算法的精确率达到最大值24%，当推荐前5名开发者时，算法的召回率达到最大值82%。

表3.7展示了Mozilla Firefox项目中的平均精确率和召回率。结果表明，随着推荐人数的增加，召回率同样呈现逐步上升趋势，其原因与Eclipse JDT项目类似。随着推荐人数增加，精确率呈现下降趋势。其原因在于总体而言，推荐结果中的实际参与人数的增长速度，小于推荐人数的增长速度。此外，当$\theta=0.6$，且推荐前2名开发者时，算法的精确率达到最大值37%，当推荐前7名开发者时，算法的召回率达到最大值50%。上述结果表明基于主题模型的开源软件缺陷分配方法在实验数据集上表现出优异的性能，能够有效地将缺陷报告分配给具备相应兴趣和经验的开发者予以解决。

表3.7　Mozilla Firefox项目中的平均精确率/召回率

θ	top2	top3	top4	top5	top6	top7
0	32%/17%	30%/23%	27%/28%	25%/31%	24%/36%	23%/41%
0.1	33%/17%	30%/23%	28%/29%	26%/33%	24%/37%	23%/41%
0.2	34%/18%	30%/24%	29%/30%	26%/34%	24%/38%	24%/42%
0.3	35%/19%	32%/25%	29%/30%	27%/35%	25%/39%	24%/44%
0.4	36%/19%	32%/26%	30%/31%	27%/35%	26%/40%	25%/46%
0.5	36%/19%	33%/26%	29%/31%	28%/37%	27%/42%	26%/47%
0.6	37%/20%	33%/26%	29%/31%	29%/40%	28%/47%	26%/50%
0.7	36%/19%	33%/27%	31%/34%	29%/40%	28%/47%	27%/50%
0.8	35%/19%	34%/29%	33%/38%	30%/42%	28%/46%	27%/50%
0.9	28%/16%	29%/24%	29%/34%	28%/41%	26%/45%	24%/49%
1.0	20%/12%	22%/19%	21%/26%	22%/31%	22%/39%	21%/42%

上述结果针对研究问题1给出了答案，Eclipse JDT和Mozilla Firefox两个大型开源软件项目上的性能评价结果表明，基于主题建模的开源软件缺陷分配方法在精确率、召回率指标上均表现出优异的性能。

为了验证研究问题2，我们开展实验探究超参数θ在区间[0,1]内，以0.1递增的不同取值条件下，采用F1分数评价基于主题建模的开源软件缺陷分配算法的性能。

图3.8、图3.9分别展示了Eclipse JDT和Mozilla Firefox两个数据集上的平均F1分数评价指标结果。首先，图中不同的曲线代表不同的推荐人数，总体上，在Eclipse JDT和Mozilla Firefox两个项目中，随着推荐人数的增加，F1分数呈现上升趋势。其原因在于推荐人数的增加促使召回率显著上升，进而使得F1分数逐步上升。其次，从图3.8展示的Eclipse JDT项目中的平均F1分数可以看出，在推荐2名开发者的条件下，当$\theta=0.8$时F1分数达到最大值。根据式（3.7），说明当推荐2名开发者时，开发者个人对不同主题的缺陷报告的兴趣和偏好起到主

导作用。在推荐多于 3 名开发者的条件下，当 $\theta=0$ 时，F1 分数达到最大值。根据式（3.7），说明在推荐多于 3 名开发者的条件下，开发者的经验起到决定性作用。最后，从图 3.9 展示的 Mozilla Firefox 项目中的平均 F1 分数可以看出，在不同推荐人数的条件下，当 $\theta<0.8$ 时，随着 θ 值增大，F1 分数逐步上升；当 $\theta>0.8$ 时，随着 θ 值增大，F1 分数逐步下降；当 $\theta=0.8$ 时，F1 分数达到最大值（除 top2）。上述结果表明，Mozilla Firefox 项目缺陷报告分配效果同时依赖于开发者个人兴趣偏好和经验水平，其中开发者个人兴趣偏好对分配效果的影响大于经验水平对结果的影响。

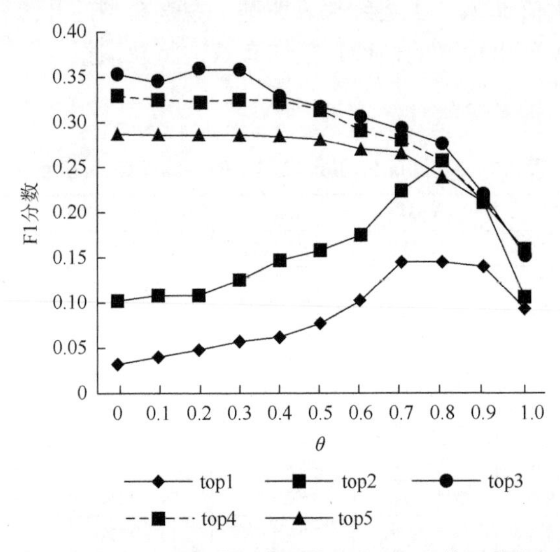

图 3.8　Eclipse JDT 数据集上的平均 F1 分数评价指标

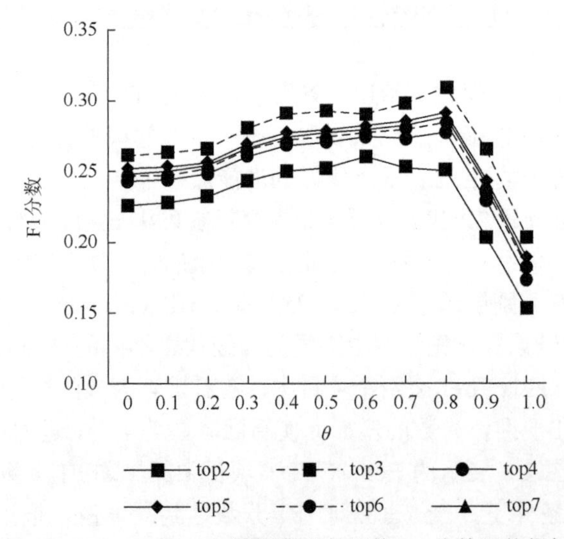

图 3.9　Mozilla Firefox 数据集上的平均 F1 分数评价指标

之前的分析表明超参数 θ 对于 Eclipse JDT 项目和 Mozilla Firefox 项目产生了不同的影响，其原因包含两个方面。首先，两个项目的平均参与人数存在较大差距，Eclipse JDT 项目中平均每个缺陷报告由 2 名开发者协作解决，而 Mozilla Firefox 项目中平均每个缺陷报告由 5 名开发者协作解决。当推荐的开发者人数接近缺陷报告中的实际参与人数时，开发者本身的兴趣偏好起到主导作用。当推荐的开发者人数多于实际参与人数时，开发者的经验起到关键的作用，原因在于推荐人数较多时，往往经验丰富的开发者会由算法推荐出来。其次，Eclipse JDT 项目数据集的时间跨度远大于 Mozilla Firefox 项目数据集，当项目时间跨度较长时，项目聚集了较多经验丰富的开发者，且项目的发展由这些人主导，因而在软件缺陷分配过程中，开发者经验起到了主导作用。

上述实验结果针对研究问题 2 给出了答案，基于主题建模的开源软件缺陷分配算法对于超参数 θ 敏感。即在不同类型的数据上，算法对于开发者的个人兴趣偏好和经验丰富程度有着不同的依赖程度。多次实验结果表明，θ 的合理取值区间为[0.2, 0.8]，当推荐的开发者人数较少时，θ 应取较大值（对开发者个人兴趣偏好更加依赖）；当项目数据集时间跨度较小时，θ 应取较大值。因此，在应用基于主题建模的开源软件缺陷分配算法到不同类型的软件项目时，有必要进行超参数的调整优化。

3.3　基于主题建模和异构网络分析的开源软件缺陷分配方法

开源软件缺陷跟踪系统在接收到一个软件缺陷报告时，会将其分配给相应的开发人员，开发人员负责验证并解决该缺陷，该处理过程被称为缺陷分配。随着提交给缺陷跟踪系统的缺陷报告数量的增加，手动为所有缺陷报告分配合适的开发人员变得越来越困难。本节提出一种基于主题建模和异构网络分析的缺陷分配（bug triage by topic modeling and the heterogeneous network analysis，BUTTER）方法来自动将缺陷分配给开发人员。与已有研究不同的是，本节将缺陷解决视作一项协作活动，需要许多开发人员的共同参与。虽然社会网络分析已被引入描述开发人员协作的过程中，但现有的社会网络中所有节点和链路都被视为具有相同的属性。考虑到开发人员在不同的缺陷上进行协作，本节构建了一个包括提交者、缺陷和开发人员之间的关系异构网络以描述开发人员的协作。具体而言，本节首先使用主题模型根据缺陷报告的文本内容分析每个缺陷的主题。其次，使用异构网络来捕获开发人员的结构信息。最后，将这两个信息源结合起来，为开发人员分配缺陷。图 3.10 显示了 BUTTER 方法的整体框架设计。

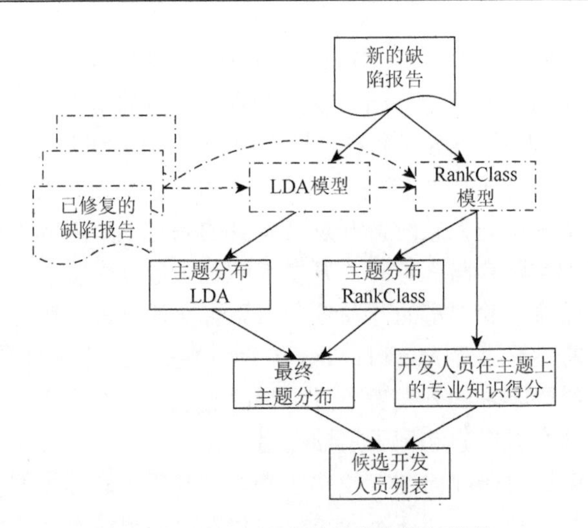

图 3.10　BUTTER 方法的整体框架设计

虚线表示根据已修复的缺陷报告训练相关模型的过程，实线表示处理新的缺陷报告过程

图 3.10 中，首先使用之前已修复的缺陷报告的文本内容，使用 LDA 模型来训练主题模型。其次，基于训练好的主题模型和从已修复的缺陷报告中提取的结构信息训练基于排名的迭代式分类模型 RankClass。最后，使用 LDA 模型和 RankClass 模型计算新的缺陷报告的最终主题分布，并根据缺陷的最终主题分布和开发人员在主题上的专业知识得分决定修复该缺陷的候选开发人员列表。

3.3.1　开源软件缺陷主题建模

本节从训练集中的缺陷报告中提取一行摘要和全文描述，对文本进行删除停用词、提取词干的预处理，使用预处理后的文本训练主题模型。主题模型是一种统计模型，通过分析单词的共现情况来发现文档集合中的抽象主题。LDA 是主题模型的一种典型形式（Campbell et al.，2015），LDA 作为一种用于收集离散数据的贝叶斯概率模型，它可以发现文档的潜在结构。本节使用开源 LDA 工具 GibbsLDA++。GibbsLDA++使用吉布斯（Gibbs）抽样来推断概率，该模型已被验证可以准确提取文本主题。

在 LDA 算法中需要预定义三个参数：K、α 和 β。我们使用 GibbsLDA++ 给出的默认参数设置：$\alpha = 50/K$，$\beta = 0$。目前还没有已知的方法来估计 LDA 中的先验主题数 K，以最好地表示文档。主题数与众多因素有关，如文本长度。不同的文档集合可能有不同的最佳主题数。因此，我们评估了一系列主题的 LDA 模型，并选择了最好的一个。我们在对 Eclipse JDT 的缺陷报告进行的实验中发现，当主题数 $K = 10$ 时模型表现最优。在使用上述参数设定的情况下，GibbsLDA++

在主题模型上表现最优，能够得到每个缺陷生成的最佳主题分布。

在使用已修复的缺陷报告完成对模型的训练后，本节使用训练好的 GibbsLDA++模型来预测新的缺陷报告的主题分布。其中获得的主题分布类似于表 3.8 中的缺陷主题分布。表 3.8 显示了四个缺陷的主题概率分布。它表明缺陷 1 属于主题 2 的概率最高，而缺陷 2 缺乏一个主导主题。与此同时，缺陷 3 可能属于主题 1，缺陷 4 可能为描述主题 3 的内容。

表 3.8　缺陷主题概率分布示例

缺陷	主题 1	主题 2	主题 3	主题 4
缺陷 1	0.1	0.6	0.2	0.1
缺陷 2	0.3	0.1	0.2	0.4
缺陷 3	0.7	0.1	0.1	0.1
缺陷 4	0.1	0.2	0.6	0.1

3.3.2　软件缺陷与开发人员异构网络构建

在 BUTTER 方法中，本节采用了 Ji 等（2011）提出的 RankClass 算法构建异构网络，获取结构信息。RankClass 利用异构网络的结构信息，可以同时对数据对象进行分类和排序。与 LDA 相比，RankClass 可以将数据对象分类为不同的主题。此外，与同类网络中的排序方法不同，RankClass 根据不同开发人员的技术专长对每个主题中的所有开发人员进行排序。主题内排名以概率方式表示，每个开发人员在每个主题下对应一个值，表明该开发人员在该主题中的重要性。此外，本节将该值表示为开发人员的专业得分，一个主题中所有开发人员的专业知识得分相加为 1。RankClass 的输入包括两部分：从历史缺陷报告和新缺陷报告中提取的异构网络。在 BUTTER 中，本节使用的异构网络包含三种类型的对象，即提交者、缺陷和开发人员。

在软件缺陷的主题分布中，使用标签主题来表示概率最高的主题。标签主题用于确定缺陷的标签。标签主题的概率越高，意味着对该标签主题越有信心。例如，在表 3.8 中，缺陷 1 和缺陷 2 的标记主题分别为主题 2 和主题 4。然而，我们更相信缺陷 1 描述了与主题 2 相关的问题，而缺陷 2 未描述与主题 4 相关的问题。因此，为了获得高质量的新缺陷，我们根据其标签主题的概率对训练集中的所有缺陷报告进行排序，这些主题来自 LDA 模型。Ji 等（2011）表明，RankClass 在理论上是稳健的，即使新缺陷报告的质量不高，它仍然可以产生较好的主题分布结果。在使用 RankClass 后可以得到两个矩阵。一个是提交者的主题分布，类似于表 3.8 中的示例。另一个是每个主题中每个开发人员的专业知识得分，类似于表 3.9 中的示例。

表 3.9　开发人员的专业知识得分示例

开发者	主题 1	主题 2	主题 3	主题 4
开发人员 1	0.1	0.1	0.1	0.3
开发人员 2	0.6	0.2	0.5	0.4
开发人员 3	0.1	0.1	0.2	0.1
开发人员 4	0.1	0.5	0.1	0.1
开发人员 5	0.1	0.1	0.1	0.1

表 3.9 中显示共有 4 个主题和 5 个开发人员。在每个主题中，所有开发人员的专业知识得分相加为 1。开发人员 2 应该是一个重要的开发人员，因为他/她的专业知识得分(0.6,0.2,0.5,0.4)表明他/她是主题 1、主题 3 和主题 4 的专家。开发人员 4 是主题 2 中最好的，而开发人员 2 对主题 4 的贡献最大。此外，由于开发人员 3 和开发人员 5 不擅长任何主题，他们在项目中占据非重要地位。

3.3.3　调整缺陷的主题分布与生成候选开发人员列表

当文本质量较低时，仅使用文本内容生成主题分布是不可靠的。在这种情况下，提交者、缺陷和开发人员之间的结构信息至关重要。在异构网络中，三种类型的信息连接在一起。其中，缺陷的主题信息可以在网络中传播给开发者和提交者。RankClass 以迭代方式运行。在每次迭代中，它计算每个主题内网络中对象的专业知识得分。然后，通过改变链接的权重，使用排序结果修改网络结构，从而允许排序模型改进主题内排名。因此，它逐渐从全局网络中提取出每个特定主题对应的子网络。最后，在充分传播的情况下，RankClass 生成稳定且精确的结果。提交者的主题分布反映了提交的缺陷报告的主题信息。由于提交者倾向于提交同类缺陷，因此使用提交者的主题分布来调整缺陷的主题分布是合理的。缺陷的最终主题分布在公式（3.12）中定义：

$$\theta_{\text{bug}} = r \times \theta_{\text{LDA, bug}} + (1-r) \times \theta_{\text{HN,sub}} \tag{3.12}$$

其中，θ_{bug} 表示缺陷的最终主题分布；$\theta_{\text{LDA, bug}}$ 和 $\theta_{\text{HN,sub}}$ 分别表示 LDA 模型生成的缺陷主题分布和异构网络中缺陷提交者的主题分布。它们之间的权重为 r，取值范围为 0 到 1。r 的值取决于特定的缺陷报告。如果文本内容的质量相对较高，则 r 值较大，反之则将 r 置为较小值。BUTTER 的最后一步是计算开发人员在单个缺陷上的概率分布，将其表示为条件概率 $P(\text{dev}\,|\,\text{bug})$ 。这里，每个缺陷都可以同时拥有多个主题，每个开发人员在每个主题上都拥有一个专业知识得分。因此，$P(\text{dev}\,|\,\text{bug})$ 可在方程式（3.13）中计算，即

$$P(\text{dev}\,|\,\text{bug}) = \sum_{\text{topic}} P(\text{topic}\,|\,\text{bug}) \times P(\text{dev}\,|\,\text{topic}) \tag{3.13}$$

其中，$P(\text{topic} \mid \text{bug})$ 表示每个缺陷的主题分布；$P(\text{dev} \mid \text{bug})$ 表示开发人员在缺陷上的概率分布。对于每一个缺陷的主题分布 θ_{bug}，开发人员的专业知识得分为 ψ_{dev}，因此方程（3.13）也可以写成两个向量的内积，即

$$P(\text{dev} \mid \text{bug}) = \theta_{\text{bug}} \cdot \psi_{\text{dev}} \tag{3.14}$$

对于每个缺陷，根据条件概率 $P(\text{dev} \mid \text{bug})$ 对所有开发人员进行排序。然后，从排名结果中选择顶级开发人员，形成候选开发人员列表。在 BUTTER 将缺陷分配给候选开发人员列表中的开发人员之前，该列表需要进行一些调整。在开源环境中，开发人员可以随时退出，因此有必要确保分配的所有开发人员都处于活跃状态。根据 Bhattacharya 和 Neamtiu（2010）的建议，我们删除了开发人员列表中已停用超过 100 天的开发人员。

3.3.4　算法实现

1. 数据介绍

本节使用 2002 年至 2009 年 Eclipse JDT 项目中所有有效的缺陷报告，共有 18 674 个缺陷、3441 个开发人员、2712 个提交者和 128 058 条注释。图 3.11 显示了所有开发人员标注的注释数。图 3.11 显示，开发人员分布极不平衡，尽管许多开发人员参与了该项目，但很少有人持续为该项目做出贡献。在 2002 年至 2009 年，仅有 83 名开发者标注了 100 多条注释。并且，2933 名开发人员标注了不到 10 条注释。因此，这些缺陷不可靠。图 3.12 显示了每个提交者提交的缺陷数量，可以看出，提交者提交的缺陷数量是一种极不平衡的分布。Eclipse JDT 项目中有 2712 个提交者，但只有 170 个提交者提交了超过 10 个缺陷，大多数提交者在提交项目缺陷报告上并不积极。

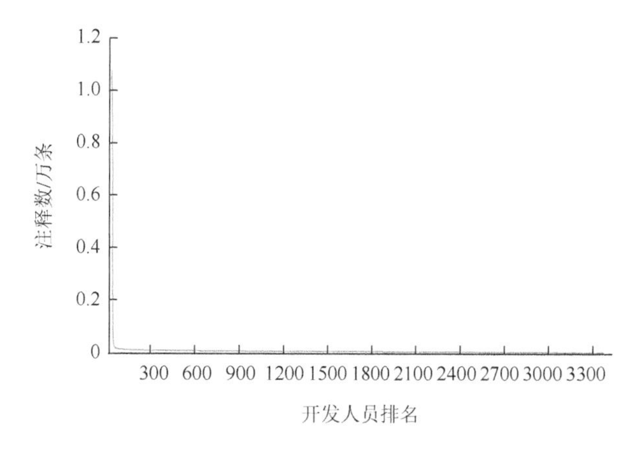

图 3.11　所有开发人员标注的注释数

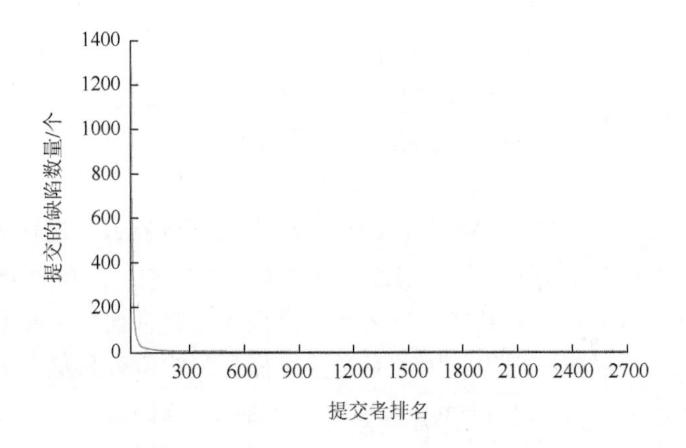

图 3.12　每个提交者提交的缺陷数量

图 3.13 显示了提交的缺陷需要修复的时间。可以看出，大多数缺陷在提交后很快就被修复了，约 70%和 90%的缺陷分别在三个月和一年内被修复。缺陷修复时间超过一年的原因可能是缺陷软件库的调整或版本升级。例如，Eclipse JDT 项目中编号为 12430 的缺陷和编号为 12533 的缺陷，它们的修复时间累计超过了一年。因此，本节在实验中删除了这种类型的缺陷。图 3.14 显示了缺陷对应的注释数量的分布。可以看出，大多数缺陷都拥有 2～6 条注释，88.7%的缺陷拥有的注释少于 10 条，这意味着大多数缺陷都很容易被修复，只有大约 2%的缺陷拥有超过 20 条注释。

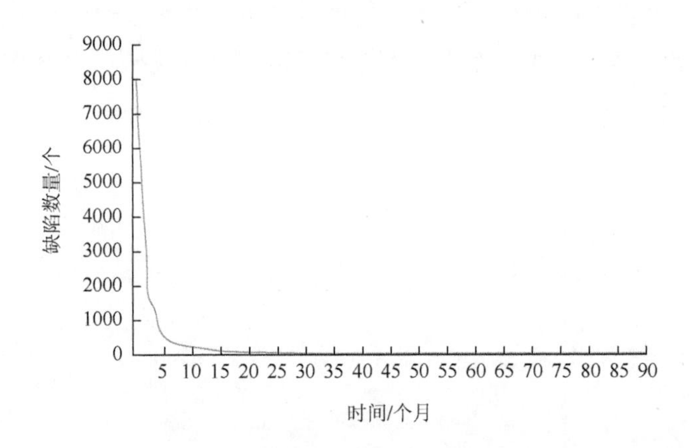

图 3.13　提交的缺陷需要修复的时间

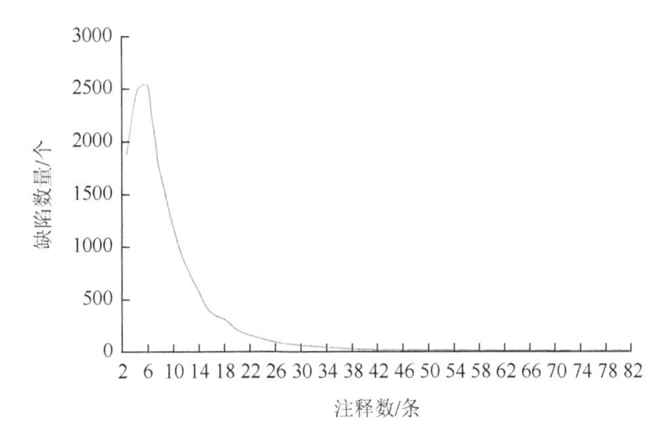

图 3.14　缺陷对应的注释数量

2. 实验设置

考虑到约 90%的缺陷都是在一年内被修复的，本节以年为单位对数据集进行分组，从 2002 年到 2009 年，共有 8 组数据。在每一组数据中，将 1 月至 9 月修复的缺陷设置为训练集，10 月至 12 月修复的缺陷设置为测试集。对于原始数据集，删除部分开发人员以保留项目贡献度为头部 90%的开发者。同时，由于开发者被过滤而导致的无人参与的缺陷也被删除。类似的删除过程也实施在提交者上。在数据过滤后，训练集和测试集中的缺陷数量、候选开发者数量和提交者数量如表 3.10 所示。可以看出，训练集和测试集中一共有 13 526 个缺陷，不同的缺陷涉及的候选开发者数量和提交者数量不同。在训练集中，修复一个缺陷所涉及的开发人员平均为 3 人。

表 3.10　训练集及测试集数据相关信息

年份	训练集中的缺陷数量/个	测试集中的缺陷数量/个	候选开发者数量/人	提交者数量/人
2002	2594	512	66	52
2003	1661	457	58	52
2004	1589	463	67	46
2005	1882	308	76	43
2006	1274	218	50	25
2007	987	166	39	22
2008	773	108	27	17
2009	459	75	42	11

精确率和召回率是两种常用的性能评估指标。精确率衡量所有推荐的开发

人员中正确推荐的比例（公式 3.5）。召回率衡量所有实际参与缺陷修复的开发人员中正确推荐的开发人员的比例（公式 3.6）。在开发者推荐中，召回率被证明是比精确率更好的衡量标准。这是由于不同的缺陷由不同数量的开发人员参与其中。例如，分别有 2 个和 5 个开发人员参与的两个缺陷，当向这两个缺陷推荐 5 个开发人员时，在缺陷分配中获得的最佳精确率分别为 40%和 100%。因此，仅仅比较具有不同开发人员数量的缺陷之间的精确率是不合理的。然而，召回率是可以接受的。这是由于在开源项目中有数百名开发人员，减少不相关开发人员是合理的。因此，在接下来的实验中，使用召回率作为主要的衡量标准。

3. 结果分析

表 3.11 显示了缺陷报告和提交者的主题分布示例。为了揭示结构信息的重要性，列出的缺陷主题分布仅来自 LDA 模型。很明显，缺陷#9673 和缺陷#10602 都在主题 6 处出现了峰值，这表明它们可能描述了相同类型的问题。由于文本内容质量较低，缺陷#15887 被错误地归类为主题 3，但实际上其应该与缺陷#9673 和缺陷#10602 描述了相同的问题。提交者 Adam Kiezun 的主题分布也在主题 6 处达到峰值，这证明了在异构网络中传播后，提交者的主题分布反映了提交的缺陷报告的主题。因此需要结合缺陷#15887 和 Adam Kiezun 的主题分布，改进使用 LDA 模型的结果。

表 3.11 缺陷报告和提交者的主题分布示例

主题	缺陷#9673	缺陷#10602	缺陷#15887	Adam Kiezun
主题 1	0.0042	0.0088	0.0433	0.0263
主题 2	0.0042	0.0382	0.0100	0.0249
主题 3	0.0458	0.0088	0.8100	0.0967
主题 4	0.0042	0.0088	0.0100	0.1270
主题 5	0.1986	0.0088	0.0100	0.1340
主题 6	0.7264	0.4206	0.0767	0.3918
主题 7	0.0042	0.1265	0.0100	0.0098
主题 8	0.0042	0.3324	0.0100	0.0319
主题 9	0.0042	0.0088	0.0100	0.0134
主题 10	0.0042	0.0382	0.0100	0.1442

注：由于表中数据进行了修约，各列数据加总之和可能不完全等于 1

本节引入参数 r 来调整 LDA 模型中缺陷的主题分布与异构网络中提交者的主

题分布之间的比例。$r=0$ 表示只使用来自异构网络的提交者的主题分布，$r=1$ 表示仅使用 LDA 模型中缺陷的主题分布。介于 0 和 1 之间的值表示最佳选择是使用两个主题分布的组合，$r=0.5$ 表示两个主题分布同样重要。对于调整缺陷主题分布的重要参数 r，通过调整其的取值观察不同取值下 LDA 模型的性能，以获得最佳参数取值。基于 2004 年的数据，不同 r 值下的 LDA 模型性能如表 3.12 所示。对于主题分布排名 top1 至 top5，所有结果均在 $r=0.7$ 时达到峰值，top6 的结果在 $r=0.8$ 时达到峰值，因此 $r=0.7$ 为最佳参数选择。此外，在其他年份也产生了类似的结果。所以，在以下实验中我们将参数 r 设置为 0.7，这表明最佳选择是同时使用 LDA 建模和异构网络两种主题分布，但在 LDA 模型中缺陷的主题分布更为重要。

表 3.12　不同 r 值下的 LDA 模型性能（召回率）

r	top1	top2	top3	top4	top5	top6
0	7.66%	19.37%	32.34%	45.34%	50.35%	54.69%
0.1	7.84%	20.31%	33.24%	45.34%	51.82%	54.76%
0.2	8.03%	21.22%	35.84%	45.03%	51.79%	55.30%
0.3	8.26%	23.74%	37.54%	45.46%	52.24%	55.79%
0.4	8.68%	25.40%	38.47%	46.11%	51.74%	56.06%
0.5	9.36%	27.38%	38.98%	46.75%	52.08%	57.50%
0.6	10.53%	28.82%	38.58%	46.77%	46.77%	58.70%
0.7	12.85%	30.04%	38.98%	47.13%	53.80%	59.29%
0.8	11.40%	29.61%	38.78%	46.95%	53.69%	59.38%
0.9	9.76%	28.10%	38.91%	46.82%	52.75%	58.42%
1.0	9.04%	26.03%	38.76%	46.40%	52.30%	56.63%

本节使用 DRETOM（Xie et al.，2012）作为基准模型比较 BUTTER 的性能。遵循相关实验的参数设置，本节使用 2002 年到 2009 年的数据对 BUTTER 和 DRETOM 进行实验对比，结果如表 3.13 所示。在表 3.13 中列出了模型在主题分布排名 1～6（top1～top6）的召回率。结果显示，对于大多数年份的数据，BUTTER 比 DRETOM 的效果更好。在 2002 年、2003 年、2004 年和 2008 年的数据中，BUTTER 的性能远远高于 DRETOM。而在 2005 年、2006 年、2007 年和 2009 年的数据中，尽管两模型的结果非常接近，但 BUTTER 的性能仍略好于 DRETOM。平均而言，BUTTER 的召回率比 DRETOM 高 5 个百分点左右，特别是在 2002 年的 top6 中，BUTTER 的召回率比 DRETOM 高 15.72 个百分点。此外，BUTTER 的 top6 的召回率在 60%左右。

表 3.13　BUTTER 和 DRETOM 性能对比（召回率）

项目		2002 年	2003 年	2004 年	2005 年	2006 年	2007 年	2008 年	2009 年
BUTTER	top1	15.79%	17.66%	12.85%	10.98%	14.64%	20.63%	10.88%	18.67%
	top2	26.70%	29.84%	30.04%	17.51%	34.11%	31.63%	34.48%	41.33%
	top3	38.70%	38.17%	38.58%	24.79%	47.05%	42.34%	48.90%	50.56%
	top4	46.41%	45.38%	47.13%	30.24%	54.90%	56.01%	57.55%	58.00%
	top5	53.25%	52.11%	53.80%	35.84%	62.39%	59.98%	65.91%	67.33%
	top6	61.80%	58.67%	59.29%	40.91%	68.70%	62.79%	70.48%	69.56%
DRETOM	top1	12.22%	6.12%	14.83%	8.18%	11.44%	17.72%	19.81%	19.67%
	top2	20.33%	20.94%	24.61%	14.85%	30.34%	30.17%	30.68%	32.44%
	top3	27.33%	30.89%	31.94%	22.59%	44.68%	37.17%	37.45%	52.22%
	top4	35.43%	37.50%	40.02%	28.92%	52.40%	49.34%	46.90%	58.89%
	top5	40.77%	43.87%	46.88%	34.91%	59.85%	56.27%	53.64%	62.67%
	top6	46.08%	50.87%	52.02%	39.69%	68.28%	62.44%	58.07%	68.00%

为了排除时间的差异，本节使用平均召回率来比较这两种方法。图 3.15 显示了从 top1 到 top6 这两种方法的平均召回率。在 top1 中，两种方法的平均召回率都在 15%左右，差异非常小。随着推荐的开发人员数量的增加，差异越来越明显。在 top6 中，BUTTER 的平均召回率可以达到 60%，比 DRETOM 高出 7 个百分点。从 top1 到 top6 中，BUTTER 的表现优于 DRETOM。

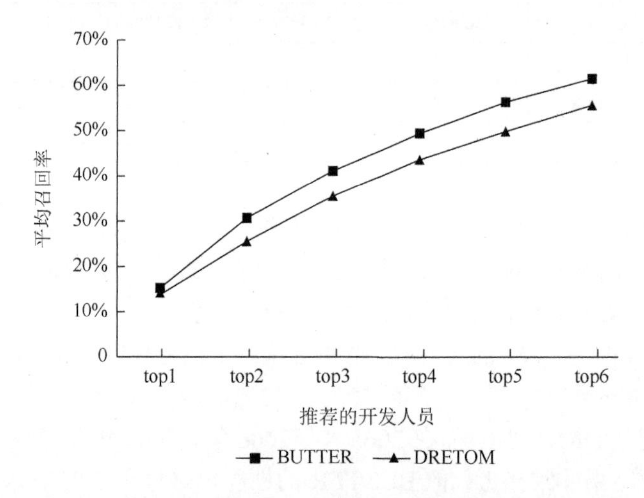

图 3.15　BUTTER 和 DRETOM 在平均召回率上的性能比较

许多研究将缺陷分配视为一个分类问题，其中每个开发人员被视作一个类，缺陷分配过程就是分析缺陷报告并将其分配给某个开发人员的过程。

BUTTER 建议推荐那些可能对缺陷修复过程感兴趣并可能对其做出贡献的开发人员，而不仅限于一个开发人员。因此，BUTTER 的结果与传统的基于分类的缺陷分配方法是有显著差别的。实验结果显示，在所有 8 年的数据集中，BUTTER 的表现都优于 DRETOM。在某些年份，DRETOM 与 BUTTER 非常接近，但在某些年份，DRETOM 的性能远远落后于 BUTTER。从这个角度来看，BUTTER 不仅比 DRETOM 更精确，而且更稳定。BUTTER 具备稳定性的原因在于异构网络中包含的结构信息，它调整了 LDA 模型生成的结果，使其不再严重依赖于文本内容的质量。

3.4 本章小结

软件缺陷跟踪系统每天新增大量的软件缺陷报告，然而无法准确地将项目缺陷分配给对其感兴趣或专业的开发人员。为了解决软件缺陷分配问题，减轻软件缺陷库的分配负担，本章提出了三种开源软件项目缺陷分配方法，包括基于缺陷相似度和开发者排名的开源软件缺陷分配方法、基于主题模型的开源软件缺陷分配方法和基于主题建模和异构网络分析的开源软件缺陷分配方法。

首先，本章提出基于缺陷相似度和开发者排名的开源软件缺陷分配方法，该方法基于 K-近邻搜索和专家专业知识排序来解决缺陷分配。利用开放缺陷库中的缺陷报告及其注释，向开发人员推荐具有解决潜力的缺陷报告。当一个新的缺陷报告提交到开放缺陷库时，首先搜索新缺陷的类似历史缺陷报告，并检索为解决这些历史缺陷报告做出贡献的开发人员。此外，根据历史缺陷修复的参与记录，对检索到的开发人员的专业知识进行排名，以此来实现软件缺陷的分配。本章提出的方法在衡量缺陷报告相似性时仅考虑了缺陷报告的文本内容，未来的工作将聚焦于衡量缺陷报告相似性时考虑缺陷报告的预定义字段。

其次，本章提出基于主题模型的开源软件缺陷分配方法，该方法同时考虑了开发人员对缺陷解决的兴趣和专业知识来实现对软件缺陷的分配。具体来说，对于每个缺陷报告，首先提取其自然语言内容并对其进行预处理，以进行主题建模，同时提取实际参与解决缺陷的开发人员。基于主题建模和开发人员列表，建立开发人员和软件缺陷主题之间的双边关系。从开发人员到主题的直接连接表示开发人员对属于该主题的缺陷报告的感兴趣程度。从主题到开发人员的直接连接表示开发人员在解决主题下的缺陷方面的专业程度。当一个新的缺陷出现时，该方法会根据开发者对缺陷报告的兴趣和专业知识对开发者进行排名。

最后，本章提出了一种名为 BUTTER 的新方法来自动将软件缺陷报告分配给开发人员。BUTTER 使用主题模型根据软件缺陷报告的文本内容分析每个缺陷的主题，并使用异构网络来捕获开发人员的结构信息。然后，将缺陷报告的主题和开发人员的结构信息结合起来，为开发人员分配缺陷。实验结果表明，与只使用文本内容进行缺陷报告分配的方法相比，BUTTER 方法对于自动分配软件缺陷报告具有更好的性能。同时，我们也发现，BUTTER 无法捕捉开发人员在自己的技术专长之外修复缺陷这种小概率事件。此外，BUTTER 可能会将缺陷错误地推荐给已经离职的开发人员。这些问题有待在未来的研究中对其进行改进。

参考文献

Bhattacharya P，Neamtiu I. 2010. Fine-grained incremental learning and multi-feature tossing graphs to improve bug triaging[C]. The 2010 IEEE International Conference on Software Maintenance. Timisoara.

Brin S，Page L. 1998. The anatomy of a large-scale hypertextual Web search engine[J]. Computer Networks and ISDN Systems，30（1/7）：107-117.

Brown P F，de Souza P V，Mercer R L，et al. 1992. Class-based n-gram models of natural language[J]. Computational Linguistics，18（4）：467-479.

Brown T B，Mann B，Ryder N，et al. 2020. Language models are few-shot learners[C]. The 34th International Conference on Neural Information Processing Systems. Vancouver.

Campbell J C，Hindle A，Stroulia E. 2015. Latent dirichlet allocation：extracting topics from software engineering data[M]//Bird C，Menzies T，Zimmermann T. The Art and Science of Analyzing Software Data. Amsterdam：Elsevier：139-159.

Devlin J，Chang M W，Lee K，et al. 2019. BERT：pre-training of deep bidirectional transformers for language understanding[C]. The 2019 Conference of the North American Chapter of the Association for Computational Linguistics：Human Language Technologies. Minneapolis.

Jensen C，Scacchi W. 2007. Role migration and advancement processes in OSSD projects：a comparative case study[C]. The 29th International Conference on Software Engineering. Minneapolis.

Ji M，Han J W，Danilevsky M. 2011. Ranking-based classification of heterogeneous information networks[C]. The 17th ACM SIGKDD International Conference on Knowledge Discovery and Data Mining. San Diego.

Majeed A，Rauf I. 2020. Graph theory：a comprehensive survey about graph theory applications in computer science and social networks[J]. Inventions，5（1）：10.

Nakakoji K，Yamamoto Y，Nishinaka Y，et al. 2002. Evolution patterns of open-source software systems and communities[C]. The International Workshop on Principles of Software Evolution. Orlando.

Porteous I，Newman D，Ihler A，et al. 2008. Fast collapsed Gibbs sampling for latent Dirichlet allocation[C]. The 14th ACM SIGKDD International Conference on Knowledge Discovery and Data Mining. Las Vegas.

Ramos J. 2003. Using TF-IDF to determine word relevance in document queries[C]. The First Instructional Conference on Machine Learning. Amsterdam.

Scott J，Wasserman S，Faust K，et al. 1996. Social network analysis：methods and applications[J]. The British Journal of Sociology，47（2）：375.

Tan X，Zhou M H，Sun Z Y. 2020. A first look at good first issues on GitHub[C]. The 28th ACM Joint Meeting on European Software Engineering Conference and Symposium on the Foundations of Software Engineering. Sacramento.

Thomas S W. 2011. Mining software repositories using topic models[C]. The 33rd International Conference on Software

Engineering. Honolulu.

Tuncer T，Ertam F. 2020. Neighborhood component analysis and reliefF based survival recognition methods for Hepatocellular carcinoma[J]. Physica A：Statistical Mechanics and Its Applications，540：123143.

Wu W J，Zhang W，Yang Y，et al. 2011. DREX：developer recommendation with k-nearest-neighbor search and expertise ranking[C]. The 18th Asia-Pacific Software Engineering Conference. Ho Chi Minh City.

Xie X H，Zhang W，Yang Y，et al. 2012. DRETOM：developer recommendation based on topic models for bug resolution[C]. The 8th International Conference on Predictive Models in Software Engineering. Lund.

Yang Y Y，Xie G. 2016. Efficient identification of node importance in social networks[J]. Information Processing & Management，52（5）：911-922.

Zhang M L，Zhou Z H. 2007. ML-KNN：a lazy learning approach to multi-label learning[J]. Pattern Recognition，40（7）：2038-2048.

Zhang W，Han G L，Wang Q. 2014. BUTTER：an approach to bug triage with topic modeling and heterogeneous network analysis[C]. The 2014 International Conference on Cloud Computing and Big Data. Wuhan.

Zhang Y，Jin R，Zhou Z H. 2010. Understanding bag-of-words model：a statistical framework[J]. International Journal of Machine Learning and Cybernetics，1：43-52.

第 4 章　开源软件项目缺陷定位

在软件项目缺陷修复的过程中，缺陷定位占用了开发人员大量的时间。高效的软件缺陷定位方法可以帮助开发人员快速、准确地定位软件缺陷发生的位置，大大减少开发人员的工作量。从所依赖的数据来区分，软件项目缺陷定位方法一般可分为静态缺陷定位方法和动态缺陷定位方法。静态缺陷定位方法主要利用软件缺陷报告、项目源代码和开发过程记录等静态信息来对软件缺陷进行定位。动态缺陷定位方法则主要利用插桩技术、执行监控和形式化方法等来对软件运行时的状态进行跟踪，并对软件缺陷可能发生的位置进行定位。从研究粒度上划分，软件项目缺陷定位方法又可分为文件级别的缺陷定位方法和方法体级别的缺陷定位方法。文件级别的缺陷定位方法是指设计合适的算法，找到导致软件缺陷的相应源代码文件。方法体级别的缺陷定位方法则是指设计合适的算法，找到导致软件缺陷的相应源代码文件及其中相应方法体的位置。

本章主要介绍静态缺陷定位相关的内容，即利用信息检索技术来提高缺陷定位方法的效率和性能。4.2 节为文件级别的缺陷定位相关的内容，主要介绍了基于缺陷修复历史的两阶段缺陷定位方法。4.3 节、4.4 节为方法体级别的缺陷定位相关的内容，分别介绍了细粒度软件缺陷定位方法和基于查询扩展的方法体级别缺陷定位方法。

4.1　问 题 描 述

本节借助一个例子来分别介绍文件级别的缺陷定位方法和方法体级别的缺陷定位方法。图 4.1 展示了 Maven 项目中的一个真实缺陷报告，编号为#MNG-4367[①]。该缺陷报告详细记录了关于缺陷的各种信息。图 4.1 中的顶端记录了缺陷的编号、时间信息及缺陷的总结，如状态（Status）、项目（Project）和组件（Component/s）等。图 4.1 中间部分记录了缺陷报告提交者对该缺陷的完整描述（Description），主要描述了缺陷发生的时候，软件运行的上下文信息。开源社区中对该缺陷感兴趣的开发人员，可以在缺陷报告下方进行评论（Comment），对该缺陷的细节进行补充或者对如何修复该缺陷发表意见和看法，并与其他开发人员进行沟通交流。图 4.1 底端记录了评论人、评论时间以及详细的评论内容等。

① https://issues.apache.org/jira/si/jira.issueviews:issue-html/MNG-4367/MNG-4367.html。

编号及总结

[MNG-4367] Consider layout for mirror selection Created: 23/Sep/09 Updated: 01/Apr/10 Resolved: 24/Sep/09

Status:	Closed
Project:	Maven
Component/s:	Artifacts and Repositories, Settings
Affects Version/s:	3.0-alpha-3
Fix Version/s:	3.0-alpha-3

描述

Description

Extensions like Tycho employ custom repo layouts to access P2 or OBR repos. When it comes to mirroring, it's desirable to use different mirrors for the normal Maven repos and those OSGi repos. Neverthess, users should still be able to use wildcards for easy mirror maintenance but a wildcard matches any repo regardless of its layout/type. So we should enrich the settings model to allow the specification of a layout for the mirror itself that can be considered when selecting a mirror for a specific repository.

评论

Comments

Comment by Benjamin Bentmann [24/Sep/09]

Extended settings in r818442 to support:

```
<mirror>
  <id>foo</id>
  <url>bar</url>
  <layout>default</layout>
  <mirrorOf>*</mirrorOf>
  <mirrorOfLayouts>default,legacy</mirrorOfLayouts>
</mirror>
```

where `<layout>` specifies the layout of the mirror itself and `<mirrorOfLayouts>` can be used to restrict which repos should be matched by this mirror, using a similar syntax as for `<mirrorOf>` and defaulting to "*", i.e. any layout.

Comment by Brett Porter [24/Sep/09]

just to clarify - mirrorOf is always required and mirrorOfLayouts is an optional restriction on it?

Comment by Benjamin Bentmann [24/Sep/09]

Right

Generated at Fri Sep 01 01:33:35 UTC 2017 using JIRA 6.4.14#64029-sha1:ae256fe0fbb912241490ff1cecfb323ea0905ca5.

图 4.1　Maven 项目中的一个真实缺陷报告示例

对于一个开源软件项目，假设有 n 个缺陷报告 $\mathrm{BR}=(\mathrm{br}_1,\mathrm{br}_2,\cdots,\mathrm{br}_n)$，其中 br_i 表示 BR 中第 i 个缺陷报告。为了修复缺陷报告 br_i 所描述的缺陷，需要修改的文件集合为 $f(\mathrm{br}_i)=\left\{f_1^{\mathrm{br}_i},f_2^{\mathrm{br}_i},\cdots,f_{|f(\mathrm{br}_i)|}^{\mathrm{br}_i}\right\}$，其中 $f_j^{\mathrm{br}_i}\in F$，F 表示该开源软件项目中所有源代码文件的集合，$|f(\mathrm{br}_i)|$ 表示所需修改文件集合 $f(\mathrm{br}_i)$ 中文件的数量。

文件级别的缺陷定位方法可以描述为综合利用缺陷报告 br_i 中的信息，从开源软件项目中所有源代码文件的集合 F 中准确找到需要修改的文件集合 $f(\mathrm{br}_i)$。实际上，开发人员在进行缺陷修复时，真正需要修改的是文件中的一个或多个方法体 $m\,(f_j^{\mathrm{br}_i})=\{m_1,\cdots,m_p\}$，其中 $m\,(f_j^{\mathrm{br}_i})\in \mathrm{mall}(f_j^{\mathrm{br}_i})$，$\mathrm{mall}(f_j^{\mathrm{br}_i})$ 表示文件 $f_j^{\mathrm{br}_i}$ 中所有方法体的集合。因此，方法体级别的缺陷定位方法可以描述为综合利用缺陷报告 br_i 中的信息，从开源软件项目中所有源代码文件的集合 F 中准确找到需要修改的文件集合 $f(\mathrm{br}_i)$，并进一步找出文件中需要修改的方法体 $m\,(f_j^{\mathrm{br}_i})$。

表 4.1 展示了修复 Maven 项目中缺陷报告#MNG-4367 涉及的相应文件及其中的具体方法。Maven 项目中总共包含 898 个源代码文件。为了对缺陷报告#MNG-4367 中所描述的缺陷进行修复，需要对 2 个源代码文件（DefaultMirrorSelector.java 和 MirrorProcessorTest.java）中的 6 个方法体进行修改。其中，源代码文件 DefaultMirrorSelector.java 包含的方法数为 5 个，而实际修复缺陷只涉及其中的 3 个方法。源代码文件 MirrorProcessorTest.java 所包含的方法数为 14 个，而实际修复缺陷只涉及其中的 3 个方法。

表 4.1 修复 MNG-4367 所涉及的具体文件及方法示例

修改文件	包含方法数/个	修改方法
DefaultMirrorSelector.java	5	Mirror getMirror(ArtifactRepository repository, List<Mirror>mirrors)
		boolean matchesLayout(ArtifactRepository repository, Mirror mirror)
		boolean matchesLayout(String repoLayout, String mirrorLayout)
MirrorProcessorTest.java	14	Mirror newMirror(String id, String mirrorOf, String layouts, String url)
		void testLayoutPattern()
		void testMirrorLayoutConsideredForMatching()

4.2 基于缺陷修复历史的两阶段缺陷定位方法

4.2.1 基于信息检索的文件级别缺陷定位方法

基于文件级别的软件缺陷定位研究是指通过一些方法来找到与缺陷报告相关

的、导致缺陷发生的源代码所在文件的位置。近些年，国内外学者将信息检索技术应用于软件缺陷定位的问题中，通过度量缺陷报告和源代码文件的文本相似度，试图定位出与缺陷报告相关的源代码文件。这种方法称为基于信息检索的缺陷定位（information retrieval-based bug localization，IRBL），也是目前静态缺陷定位研究中的热点（李政亮等，2021）。使用文本信息通过信息检索方法来进行缺陷定位，依赖于程序代码和缺陷报告之间存在的共享词汇。Moreno 等（2013）发现在软件系统中大部分类文件和缺陷报告都共享部分词汇，并且与打补丁的类（缺陷类）有更多共享词。Lukins 等（2010）从源代码中按照所需的粒度级别（例如，包、类、方法）抽取代码中的注释和标识符形成文档集，并从缺陷报告中抽取可以反映缺陷的标题和描述信息并将其转化为源代码的查询信息，最后通过 LDA 信息检索模型来对与缺陷相关的代码文件和方法进行定位。Zhou 等（2012）在信息检索的基础之上，考虑了已修复的其他相似缺陷报告信息，提出了 BugLocator（缺陷定位）方法。BugLocator 基于相似缺陷报告的假设，通过整合待定位缺陷报告和历史缺陷报告、源代码文件以及被变更的源代码文件三方面的相似度来对缺陷报告与源代码之间的文本相似度进行排序。结果表明，BugLocator 方法能有效地将缺陷报告定位到源代码文件上。

虽然基于信息检索的方法在软件缺陷定位中得到了广泛的关注，然而在当前的研究中，很少有研究人员将缺陷修复历史信息应用到对缺陷源代码文件的定位中。通过对在 Tomcat 和 Android 两个项目的缺陷报告数据上进行的前期实验的观察，王旭等（2014）发现了两个软件缺陷修复的局部现象：一是历史上经常被修改的文件在未来可能还会经常被修改；二是近期被修改的文件比早期被修改的文件更加可能被修改。因此，将历史缺陷修复信息引入软件缺陷定位模型中，可以对缺陷定位的性能起到改善作用。

综上，本节提出一种基于缺陷修复历史的两阶段软件缺陷定位方法。该方法首先利用传统的信息检索定位代码文件中的软件缺陷（第一阶段）；在此基础上利用代码修复等特征对之前的排序结果进行缺陷预测重排序，进而提高定位的性能（第二阶段）。与此同时，使用 Tomcat 与 Android 项目的缺陷数据进行实验，结果表明单纯使用本节所提出的特征的效果有限，而使用两阶段方法，能够有效改善缺陷定位方法。

4.2.2　基于缺陷修复历史的两阶段缺陷定位设计

我们在基于信息检索技术的软件缺陷定位方法的基础之上，综合考虑缺陷修复的历史信息，提出基于缺陷修复历史的两阶段缺陷定位方法。该方法不仅考虑了缺陷报告和源代码文件之间的文本相似度，而且考虑了源代码文件的缺陷历史记录、变更信息以及代码特征等因素。具体来说，该方法将软件缺陷定位分成信息检索和缺陷预测两个阶段。在信息检索阶段，将新缺陷报告看作查询词，将源代码文件作为文档集，并计算新缺陷报告和源代码文件之间的文本相似度，最后根据相似度结果对源代码文档进行排序。在缺陷预测阶段，该方法基于支持向量回归（support vector regression，SVR）构建预测模型，并利用源代码的历史缺陷数据来预测当前源代码文件出现缺陷的概率，进而实现对源代码文件的再排序。两阶段缺陷定位方法的具体流程如图 4.2 所示。

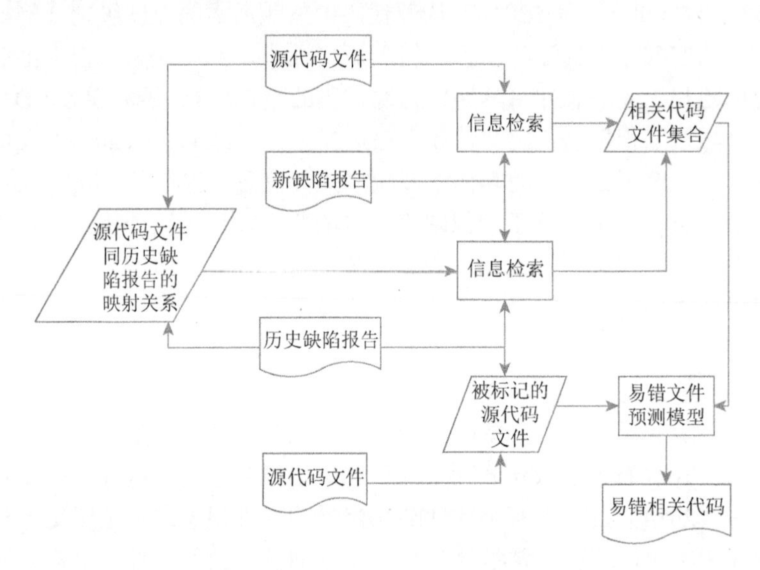

图 4.2　两阶段缺陷定位方法流程图

1. 阶段一：基于信息检索的缺陷定位

信息检索阶段采用了传统的信息检索方法对软件缺陷进行定位。传统的基于信息检索的缺陷定位方法主要包含数据预处理、构建索引、构建查询、检索排序这四个基本步骤。

数据预处理是指对源程序文件中的程序文本进行的一系列文本操作，其作用是减少程序文本中的噪声词汇，以达到提高缺陷定位性能的目的。这里数据预处理主要包括文本标准化、去除停用词、词干还原三步。首先是对文本进行标准化，目的是去掉文本中的标点符号和特殊字符，并将文本划分为不连续的单词。这里会用到拆分驼峰词的方法来进一步分割更小的单词，如标识符“processfile”会被分割成“process”和“file”两个单词。其次是去除文本中的停用词。停用词是指在文档中经常出现但是又对文本区分作用很小的词汇，如英语中的一些常用的定冠词和介词等。这些词无须放入索引，需要根据停用词表对这类词进行过滤。最后，需要对一些单词的词根进行还原。例如，“compute”存在“computes”、“computed”和“computing”等多种变形，因此需要先将这些单词转化成词根的形式，再将其放入索引中。

构建索引是指利用分词后的源代码文件构建倒排索引。通过对每个源程序文件进行数据预处理，将其转换成由若干个词组成的数组。构建的索引就是预先记录每一个词所出现的位置，这样只要在索引中找到这个词，也就找到了包含这个词的源代码文件。

构建查询指的是将缺陷报告中的缺陷信息构建成查询词，用它在所建立的倒序索引表中搜索相关的源代码文件。通常我们只将缺陷报告中的标题和缺陷描述作为缺陷信息，对其进行预处理后提取里面的关键词，将其作为查询词。

检索排序是指采用向量空间模型，计算缺陷报告和每一个源代码文件的文本相似度得分 VSMScore，并根据相似度得分结果进行排序。本节将缺陷报告看成查询词，将源代码文件看成文档集。在传统的向量空间模型中，采用余弦相似度来计算源代码文档 d 和缺陷报告 q 之间的文本相似度，如式（4.1）所示。

$$\mathrm{VSMScore}=\mathrm{sim}(q,d)=\cos(q,d)=\frac{\overrightarrow{V_q}\cdot\overrightarrow{V_d}}{\left|\overrightarrow{V_q}\right|\times\left|\overrightarrow{V_d}\right|} \tag{4.1}$$

其中，$\overrightarrow{V_q}$ 和 $\overrightarrow{V_d}$ 分别表示缺陷报告和源代码文档的词项构成的向量；$\overrightarrow{V_q}\cdot\overrightarrow{V_d}$ 表示向量的内积。词项的权重是根据词频和逆文本频率计算出来的，权重随着一个词项在一个文档中出现次数的增加而增加，随着一个词项同时出现在多个文档中次数的增加而减少。VSMScore 的值越高，代表缺陷报告词向量 $\overrightarrow{V_q}$ 和源代码文档词向量 $\overrightarrow{V_d}$ 越相似，因此它们之间的文本相似度也越高。

除了使用向量空间模型来度量缺陷报告和源代码文档之间的文本相似度外，还需要通过关键词匹配的方法找出与待定位的缺陷报告相似，并且已被解决的缺陷报告。这里面依赖的一个假设是：相似的缺陷报告可能需要修复相似的源代码文件。因此，根据在缺陷报告系统中存放的已被解决的历史缺陷报告和源代码文件的映射关系，计算出待定位的缺陷报告和源代码文件之间的相关程度 SimiScore。最终，每一个缺陷报告和源代码文件的相关程度得分 Score1 就由 VSMScore 和 SimiScore 加权得到。其计算方法如公式（4.2）所示，其中 $0\leqslant\alpha\leqslant1$，经过归一化处理后，保证 $0\leqslant\mathrm{Score1}\leqslant1$。

$$\mathrm{Score1}=\alpha\times\mathrm{VSMScore}+(1-\alpha)\times\mathrm{SimiScore} \tag{4.2}$$

阶段一的伪代码如图 4.3 所示。

输入：源代码文件集合$S = \{s_1, s_2, \cdots, s_m\}$，$s_m$为源代码文件
　　　历史缺陷报告集合$\mathrm{Bo} = \{b_1, b_2, \cdots, b_r\}$，$b_r$为历史缺陷报告
　　　待定位缺陷报告Bn
输出：缺陷报告和源代码文件的相关程度得分集合Score1 $=\{\mathrm{sim}(\mathrm{Bn}, s_1), \mathrm{sim}(\mathrm{Bn}, s_2), \cdots, \mathrm{sim}(\mathrm{Bn}, s_m)\}$
过程：
1. 对S、Bo、Bn进行数据预处理
2. 创建S的倒排索引
3. 计算Bn与S中各源代码文件的文本相似度$\mathrm{sim}_a = (p_1, p_2, \cdots, p_m)$
4. 创建Bo的倒排索引
5. 计算Bn与各历史缺陷报告$\{b_1, b_2, \cdots, b_r\}$的文本相似度$\mathrm{sim}_b = (q_1, q_2, \cdots, q_m)$
6. 计算b_r与s_m之间的文本相似度列表sim_{rm}，若b_r与s_m无映射关系，则其取值为0
7. Bn与源代码文件s_y的文本相似度计算式为：$\mathrm{sim}_c(\mathrm{Bn}, s_y) = \sum_{x=1}^{r}(\mathrm{sim}_{ry} \times q_x) / r$
8. 最终的源代码文件s_x与Bn的相关程度得分为$\mathrm{sim}(\mathrm{Bn}, s_x) = (1-\alpha) \times p_x + \alpha \times \mathrm{sim}_c(\mathrm{Bn}, s_x)$。其中$p_x$即为SimiScore，而$\mathrm{sim}_c(\mathrm{Bn}, s_x)$即为VSMScore
9. return Score1 $= \{\mathrm{sim}(\mathrm{Bn}, s_1), \mathrm{sim}(\mathrm{Bn}, s_2), \cdots, \mathrm{sim}(\mathrm{Bn}, s_m)\}$

图 4.3　信息检索阶段算法伪代码

2. 阶段二：基于修复历史的缺陷定位

缺陷预测阶段是在信息检索阶段得到相似度排序的基础上，引入基于 SVR 的缺陷预测模型，利用源代码的历史缺陷信息预测源代码的缺陷概率，实现对缺陷文件的再排序。王旭等（2014）的研究发现，易错源代码文件的分布服从典型的帕累托法则，即存在 20%的文件会经历 80%的缺陷修复。也就是说，历史上经常被修改的文件在未来可能还会经常被修改。因此本节构建了缺陷预测模型来识别这些经常变更的文件。

在构建预测模型的时候，本节选取源代码文件的六个基本特征来构建预测所需的度量元，分别是：文件长度、文件被修改次数、文件最近一次被修改的时间、文件中各函数的平均圈复杂度、文件被其他文件引用的次数（入度）、该文件引用其他文件的次数（出度）。本节将原始数据的各项特征都进行归一化处理，使其取值范围在[0, 1]，以避免某些特征由于数值范围过大或者过小而影响模型预测的性能。

本节采用 SVR 方法来构建缺陷预测模型。SVR 方法是 SVM 方法的一个重要应用分支，它将 SVM 方法应用到回归和函数逼近问题上。SVM 方法和 SVR 方法的最大区别是：SVM 方法是寻找超平面，使得位于不同类别的样本点间距最大；而 SVR 方法是寻找超平面，使所有的样本点离超平面的总偏差最小。因此 SVR 方法通过最大化间隔带的宽度与最小化损失函数的数学期望来优化模型，如式（4.3）所示。

$$\begin{cases} \text{minimize} \dfrac{1}{2}\|\omega\|^2 \\ \text{subject to } \|y_i - (\omega \cdot x_i - b)\| < \varepsilon \end{cases} \tag{4.3}$$

其中，ω表示要寻找的超平面；$\varepsilon \geqslant 0$表示应用 SVR 方法得出的预测值和真实值的最大差距。因而该方法也被称为ε-SVR。

通过预测模型可以预测源代码文件的错误概率，进而得到表征源代码文件的易错程度得分指标Score2。最终，源代码文件与新缺陷报告的文本相似度的计算公式如式（4.4）所示。

$$\text{Score} = (1-\beta)\times\text{Score1} + \beta\times\text{Score2} \tag{4.4}$$

其中，$0 \leqslant \beta \leqslant 1$，$\text{Score1}$和$\text{Score2}$均为归一化后的结果，从而保证$0 \leqslant \text{Score} \leqslant 1$。缺陷预测阶段的算法伪代码如图 4.4 所示。

输入：信息检索阶段获得的缺陷报告和源代码文件的相关程度得分集合Scorc1 = {sim(Bn, s_1), sim(Bn, s_2), ⋯, sim(Bn, s_m)}
　　　待定位缺陷报告Bn
输出：最终的定位到的前n个文件列表BugLocation = (s_1, s_2, ⋯, s_n)
过程：
　1. 对S、Bo、Bn进行数据预处理，获得$S = \{s_1, s_2, \cdots, s_m\}$中各个文档的：
　　a. 源代码文件长度$\{a_1, a_2, \cdots, a_m\}$
　　b. 源代码文件被修改次数$\{b_1, b_2, \cdots, b_m\}$
　　c. 源代码文件最近一次被修改的时间$\{c_1, c_2, \cdots, c_m\}$
　　d. 源代码文件中各函数的平均圈复杂度$\{d_1, d_2, \cdots, d_m\}$
　　e. 源代码文件被其他文件引用的次数（入度）$\{e_1, e_2, \cdots, e_m\}$
　　f. 该源代码文件引用其他文件的次数（出度）$\{f_1, f_2, \cdots, f_m\}$
　2. 将上述特征，作为缺陷预测模型使用的特征，对源代码文件进行回归，得到每一个源代码文件的易错程度得分Score2
　3. 最终源代码文件与新缺陷报告的文本相似度为Score = (1−β)×Score1 + β×Score2
　4. 源代码文件按照Score值排序
　5. return得分最高的前n个源代码文件BugLocation = (s_1, s_2, ⋯, s_n)

图 4.4　缺陷预测阶段算法伪代码

4.2.3　两阶段缺陷定位方法验证

1. 数据集介绍

本节选取了 Tomcat 6 和 Android 两个项目作为实验对象来验证算法的有效性。因为这两个项目已经比较成熟，有着较长的开发时间和比较稳定的数据特征。此外，两个开源项目都有着完备的版本控制系统和缺陷追踪系统，并且都为业界所熟知。对于每一个项目，通过缺陷追踪系统获取已经修复完成的缺陷报告，即缺陷最终解决方式为“修复”，并且最终状态为“已解决”、“关闭”或“已证实”。同时，通过文件日志，找出变更对应的缺陷编号，将缺陷报告的描述和修改前后的源代码进行关联，进而在历史缺陷报告和源代码文件之间建立映射关系。最终，如表 4.2 所示，经过筛选和数据预处理操作，我们从 610 个 Tomcat 6 项目的原始缺陷报告中选取了 51 个缺陷报告，从 1281 个 Android 项目的原始缺陷报告中选取了 57 个缺陷报告，并将这些缺陷报告划分成了训练数据集（20 个 Tomcat 6 的缺陷报告和 28 个 Android 的缺陷报告）和测试数据集（31 个 Tomcat 6 的缺陷报告和 29 个 Android 的缺陷报告）。

表 4.2　收集的开源项目缺陷数据集信息统计　（单位：个）

项目	原始数据	预处理数据	训练数据集	测试数据集
Tomcat 6	610	51	20	31
Android	1281	57	28	29

2. 评价指标

通过参考关于缺陷定位的相关文献，本节引入前 N 排名（top$N$ Rank）、平均倒数排名（mean reciprocal rank，MRR）和平均精度（mean average precision，MAP）三种指标来评估本节所提出的方法的有效性。

top$N$ Rank：反映了成功定位缺陷报告的概率。对于一个待定位的缺陷报告，如果本节所提出的方法给出的前 N（$N = 1, 5, 10$）个源代码文件中至少包含一个与这个待定位的缺陷报告相关的缺陷，则认为该定位是成功的。top$N$ Rank 的值越大，说明该方法的性能越好。

MRR：表示方法所给出的一系列源代码文件中与待定位缺陷报告相关的源代码文件的位置倒数的平均值。其计算方式如式（4.5）所示。

$$\text{MRR} = \frac{1}{|Q|}\sum_{i=1}^{|Q|}\frac{1}{\text{rank}_i} \tag{4.5}$$

其中，Q 表示缺陷报告的集合；$|Q|$ 表示缺陷报告的数目；rank_i 表示定位出的第 i 个缺陷报告相关方法体排名最靠前的位置。MRR 值越高，说明该方法的性能越好。

MAP：表示对所有缺陷报告进行源代码定位后的精确率的平均值。缺陷定位方法检索出来的相关源代码文件越靠前，MAP 值就会越高。反之，如果缺陷定位方法没有检索出相关源代码文件，则 MAP 值为 0。单个缺陷报告的平均精确率（AvgP）为

$$\text{AvgP} = \frac{1}{|R|}\sum_{k=1}^{|R|}\frac{k}{\text{rank}_k} \tag{4.6}$$

其中，R 表示一次缺陷定位中能正确定位的源代码文件排序的集合；$|R|$ 表示正确定位的源代码文件的个数；rank_k 表示第 k 个正确的源代码文件的排名。针对所有缺陷报告的 MAP 计算方法如公式（4.7）所示。

$$\text{MAP} = \sum_{j=1}^{|Q|} \frac{\text{AvgP}_j}{Q} \tag{4.7}$$

其中，Q 表示缺陷报告的集合；$|Q|$ 表示缺陷报告的数目；AvgP_j 为第 j 个缺陷报告的平均精确率。

3. 两阶段缺陷定位结果及分析

为了综合评价所提出的基于缺陷修复历史的两阶段缺陷定位方法，设置以下两个研究问题对其性能和参数设置进行全面分析。

研究问题 1：两阶段缺陷定位方法相较于传统的基于信息检索的缺陷定位方法在定位性能上的提升效果有多少？

研究问题 2：基于缺陷修复历史的两阶段缺陷定位方法的参数敏感性如何？

1）研究问题 1 的实验分析

为了考察两阶段缺陷定位方法相较于传统缺陷定位方法在定位性能上的提升效果，本节通过实验对比了四种缺陷定位方法。方法 1 为基于传统信息检索的缺陷定位方法；方法 2 在方法 1 的基础之上加入了源代码文件和已修复的历史缺陷报告之间的关系；方法 3 在方法 2 的基础上加入了传统缺陷预测模型；方法 4 即为本节所提出的基于缺陷修复历史的两阶段缺陷定位方法，该方法同时考虑了缺陷报告和源代码文件的文本相似度与历史缺陷修复行为特征。表 4.3 给出了在 Tomcat 6 项目上和 Android 项目上四种方法的性能比较。

表 4.3　四种方法在 Tomcat 6 和 Android 项目上的性能比较

项目	评价指标	方法 1	方法 2	方法 3	方法 4
Tomcat 6	top1 Rank	0.38	0.50	0.17	0.52
	top5 Rank	0.63	0.71	0.50	0.72
	top10 Rank	0.79	0.71	0.67	0.75
	MRR	0.51	0.59	0.32	0.59
	MAP	0.56	0.61	0.31	0.61
Android	top1 Rank	0.09	0.11	0.05	0.12
	top5 Rank	0.17	0.19	0.08	0.20
	top10 Rank	0.18	0.19	0.07	0.20
	MRR	0.13	0.14	0.05	0.15
	MAP	0.11	0.12	0.06	0.13

从表 4.3 中可以看出，基于传统信息检索的缺陷定位方法（方法 1）在两个项目上的预测效果并不理想。方法 2 比方法 1 在 5 个评价指标上基本都有所提高，说明在传统的基于信息检索的缺陷定位方法上加入已修复的历史缺陷报告与源代码文件间的关系可以有效提升缺陷定位方法的性能。方法 3 相较于方法 2 在评价指标上有所下降，效果并不理想。这主要是因为传统缺陷预测模型偏向于寻找易错的源代码文件，而不是与具体待定位的缺陷报告相关的源代码文件。比如，对于某些缺陷报告来说，如果与其相关的源代码文件不是易错的文件，那么在使用方法 3 时会降低对相关源代码文件的定位性能。最后，方法 4 与其余 3 个方法相比在 5 个评价指标上均有着较高的值，这表明考虑源代码历史缺陷修复信息和源代码规模信息，并且通过超参数平衡缺陷预测模型和信息检索方法，可以更精准地对与缺陷报告相关的源代码文件进行定位。

2）研究问题 2 的实验分析

对于问题 2，本节在 Android 项目上进行了实验，分析了超参数 α 和 β 对缺陷定位性能的影响。其中，超参数 α 负责调节阶段一中 VSMScore 和 SimiScore 的权重。α 越大说明在缺陷定位中待定位的缺陷报告和源代码文件的文本相似度更重要，反之说明待定位的缺陷报告和历史缺陷报告之间的文本相似度越重要。超参数 β 负责调节阶段二中 Score1 和 Score2 的权重。β 越大，说明缺陷报告和源代码文件之间的相关程度对缺陷定位越重要，反之说明源代码文件的易错程度对于缺陷定位越重要。

图 4.5、图 4.6 分别展示了在 Android 项目上超参数 α 和 β 对缺陷定位性能的影响。可以看到，两阶段方法中 α 设为 0.2、β 设为 0.3 可以取得最优的性能。此外，我们发现，随着超参数值的增加，方法的缺陷定位的性能会逐渐提升，等达到某个拐点的时候性能又会逐渐下降。实际上，超参数 α 和 β 的取值目前仍没有公认的最优值，可以在实际的项目应用中通过多次实验来找到最合适的值。

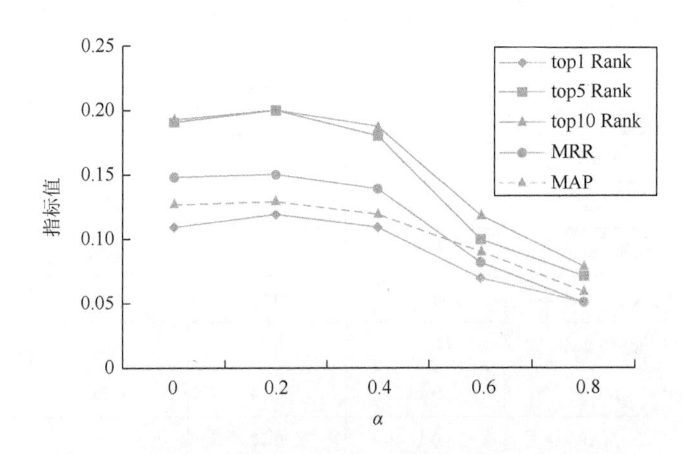

图 4.5　超参数 α 对缺陷定位性能的影响

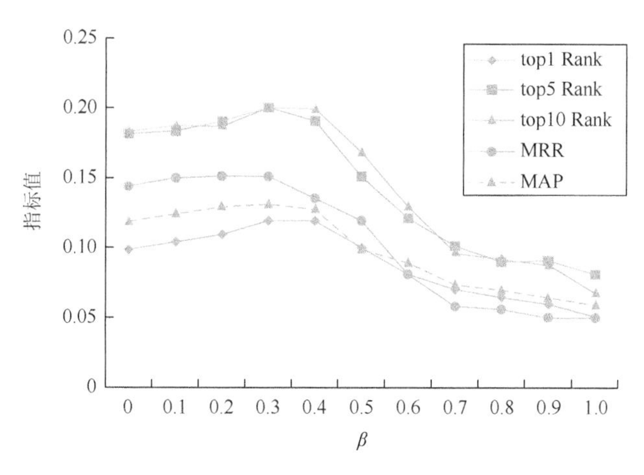

图 4.6 超参数 β 对缺陷定位性能的影响

4.3 细粒度软件缺陷定位方法

4.3.1 软件缺陷定位方法

在开源软件项目缺陷定位的研究工作中，大部分研究都聚焦于文件级别的缺陷定位方法，整体上研究粒度都比较粗糙（Wen et al.，2016）。例如，Wang 和 Lo（2014）结合源代码的版本历史、相似缺陷报告和结构化信息，提出了一种名为 Amalgam 的新的软件缺陷定位方法。该方法使用基于源代码版本历史的缺陷预测算法（Rahman et al.，2011）来对源代码的版本历史进行分析，使用 BugLocator 方法（Zhou et al.，2012）来对相似缺陷报告进行分析，使用 BLUiR（bug localization using information retrieval，使用信息检索的软件缺陷定位）方法（Saha et al.，2013）来对源代码中的结构化信息进行分析。他们在 AspectJ、Eclipse、SWT 和 ZXing 四个开源软件项目共 3000 多个真实缺陷中进行了大量的实验，实验结果表明 Amalgam 方法的性能优于基于源代码版本历史的缺陷预测算法、BugLocator 方法和 BLUiR 方法。Le 等（2015）提出了一种新的基于多模式技术的软件缺陷定位方法，将缺陷报告和程序频谱同时考虑在内，对软件缺陷进行定位。该方法构建了一个名为 Bug-Specic 的模型，将软件缺陷报告映射到修复该缺陷可能涉及的源代码文件中。他们在 AspectJ、Ant、Lucene、Rhino 四个开源软件项目共 157 个真实缺陷中进行了大量的实验，实验结果表明他们的方法优于基线方法。

实际上，开发人员在进行缺陷修复时，真正需要修改的是文件中的一个或多个方法体。近年来，研究人员提出了一些方法体级别的缺陷定位方法，这些方法可以使得开发人员的工作效率进一步提高，并且能有效降低维护软件正常运行的成本。但是，很少有研究考虑方法体中的仅有少量信息且长度普遍很短这一事实。例如，Rahman 和 Sakib（2016）提出了一种名为使用最小化搜索空间的方法级缺陷定位（method level bug localization using minimized search space，MBuM）方法，该方法使用动态分析来对缺陷源代码的执行情况进行追踪，得到与缺陷相关的执行方法体的列表，并排除与缺陷不相关的源代码。进而，他们使用静态分析对列表中执行方法体的内容和缺陷报告的内容进行分析。最后，他们使用改进的向量空间模型来计算方法体和缺陷报告的相似度，并基于相似度对方法体进行排序，以此得到与该缺陷相关的方法体列表。他们在 Eclipse 和 Mozilla Firefox 两个开源项目中进行了大量实验，实验结果表明他们的方法优于 BugLocator 和基于执行场景与信息检索的概率排序方法（probabilistic ranking of methods based on execution scenarios and information retrieval）（Poshyvanyk et al.，2007）等。Youm 等（2017）提出了一种使用综合分析的缺陷定位（bug localization using integrated analysis，BLIA）方法，该方法整合了缺陷报告中的文本信息、堆栈信息、源代码的注释、源代码的结构化信息及其版本历史。然后，BLIA 实现了在文件级别的排序并选取排名前 10 的源代码文件。进而，BLIA 对选出的源代码文件中的方法体进行分析，最终得到方法体的排序，从而将缺陷定位的粒度从文件级别提高到方法体级别。他们在 AspectJ、SWT 和 ZXing 三个开源软件项目中的实验结果表明，BLIA 方法的性能优于 BugLocator、BLUiR 和 Amalgam 等方法。Zhang 等（2018）提出了一种名为 MULAB（multi-abstraction vector space model，多层抽象向量空间模型）的方法。MULAB 在多个抽象层次上（如词、主题等）表示方法体和缺陷报告文本描述。然后，结合向量空间模型和主题模型在各抽象层次上计算源代码方法体和缺陷报告文本描述之间的相似性。他们在 aTunes、jEdit 4.2 和 OpenJPA 等 9 个开源软件项目上的实验结果表明，MULAB 的变体 COMBMNZ-DEF（combined similarity and multiple normalized scores using zero-one score normalization，使用 0-1 分数归一化的组合相似度和多重归一化分数）表现最好，并且优于 Scanniello 等（2015）提出的基于 PageRank 的基线方法。

本节针对上述问题进行了更加深入的研究，并且提出通过词向量表示、查询扩展等方式补充方法体的信息或内容，以期对软件缺陷进行更精确的定位。具体来说，我们提出了一种名为 MethodLocator 的新的方法体级别的软件缺陷定位方法。首先，MethodLocator 结合 word2vec（Mikolov et al.，2013）和 TF-IDF（Zhang et al.，2011）对缺陷报告与源代码方法体进行向量化表示。其次，MethodLocator 计算源代码方法体之间的相似性，并根据相似性对源代码方法体进行扩充。最后，MethodLocator 计算扩充后的源代码方法体和缺陷报告之间的余弦相似度并排序，进而对修复软件缺陷所需要做出修改的方法体进行定位。

4.3.2 细粒度软件缺陷定位方法设计

本节提出一种新的方法体级别的缺陷定位方法 MethodLocator，以开源软件项目所有源代码中方法体的集合 $M=\{m_1,m_2,\cdots,m_k\}$（m_j 表示其中的第 j 个方法）为查询对象，以缺陷报告 br_i（如图 4.1 所示，主要有缺陷报告的总结、描述内容以及评论内容）为查询条件。MethodLocator 方法的总体结构如图 4.7 所示，总体上可以分为源代码方法体扩充和相似度计算两个部分。首先，结合基于词向量的表示方法（唐明等，2016；王旭等，2014）得到缺陷报告和方法体的向量化表示（方法体提取）。然后，考虑到相较于缺陷报告内容来说，源代码中的方法体（包括方法体名称和内容）长度普遍较短，信息含量也较低，这样在进行查询匹配的时候常常会带来大量的稀疏性，我们在调研了近些年查询扩充以及短文本扩充相关研究（Chen et al.，2011；Phan et al.，2008；Quan et al.，2010；马慧芳等，2016）的基础上，提出了一种针对源代码方法体短文本的扩充方法。基于方法体之间的相似度，使用与当前方法体相似度较高的其他方法体来扩充当前方法体的短文本，将其作为查询对象，如图 4.7 中的①、②所示。最后，将新的缺陷报告作为查询条件，计算扩充后的各方法体和新的缺陷报告的余弦相似度，并按照相似度从高到低依次对方法体进行排序，从而实现对修复软件缺陷所需要做出修改的方法体的准确定位，如图 4.7 中的③、④、⑤所示。

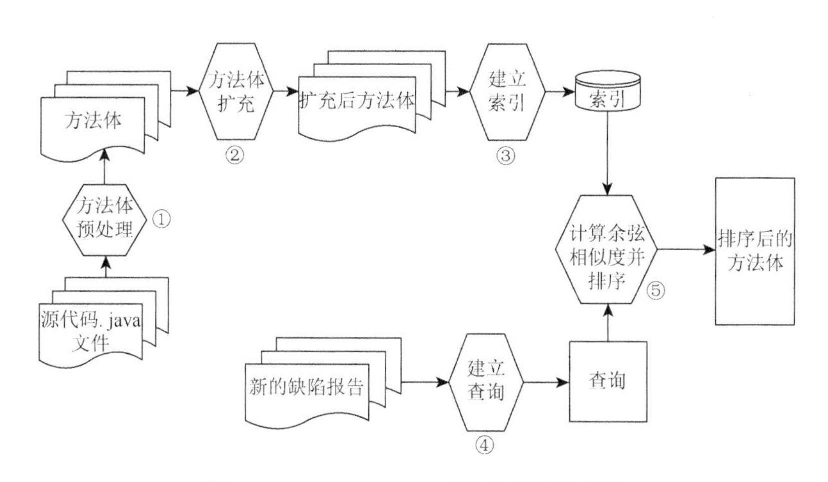

图 4.7　MethodLocator 方法的总体结构图

1. 方法体向量表示及方法体扩充

图 4.7 中的方法体预处理（步骤①，即方法体向量表示）和方法体扩充（步

骤②）的详细过程如图 4.8 所示。图 4.8 的第 I 部分展示了对方法体内容的预处理过程。首先，使用抽象语法树（Jones，2003）解析源代码文件，提取出其中的方法体，记为 m_i（m_i 表示从源代码文件中提取出的第 i 个方法体，$1 \leqslant i \leqslant n$，$n$ 表示提取出的方法体总数）。然后，对提取出的方法体进行文本预处理。Saha 等（2014）的研究发现在基于信息检索的软件缺陷定位方法中，对方法体中的方法名称进行分离有助于对缺陷进行准确定位。因此，对于方法体的文本预处理主要包括根据 Java 语言中方法体的驼峰命名规则分离出方法体中的英文单词、去除 Java 语言的保留关键词、去除停用词和去除各种特殊符号，进而得到预处理之后的方法体 m_i'。最后，对 m_i' 进行向量化表示，记为 m_i^*。

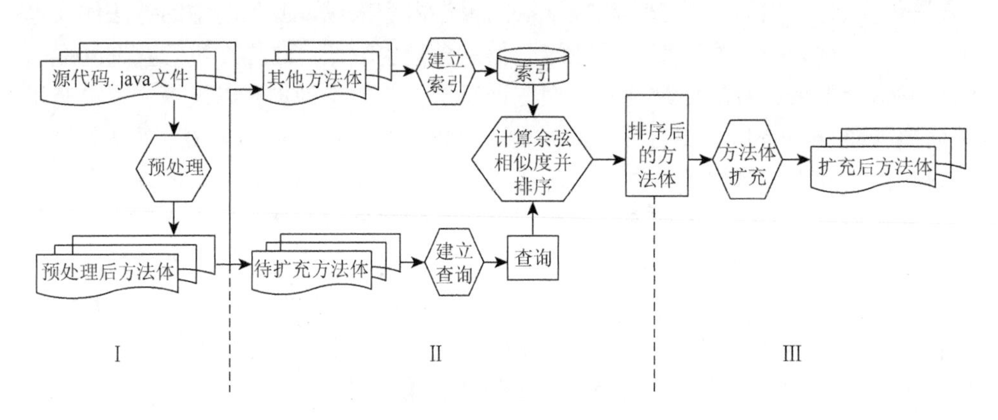

图 4.8　方法体提取及扩充

考虑到本节中所研究源代码的方法体长度普遍较短、信息含量也较低，采用唐明等（2016）所提出的结合 TF-IDF 及词向量表示方法来得到预处理之后的方法体的向量化表示。使用 TF-IDF 方法可以挖掘出单个词对于其所在方法体的影响大小，使用词向量表示方法则可以挖掘出单词之间的关联关系，以提高在语义维度上的准确性。因此，本节采用的方法能够更充分地挖掘方法体中的信息，有利于后续对于方法体的扩充。

对 m_i' 进行向量化表示得到 m_i^* 的具体过程如下。首先，使用 skip-gram 模型（Ye et al.，2014）对所有预处理之后的方法体 m_i' 和缺陷报告 br_i 进行训练，得到 m_i' 中每个词的词向量 w，即 $w=(v_1,v_2,\cdots,v_N)$，其中 N 表示向量的维度。结合初步实验，本节将维度 N 设置为 300。同时考虑到方法体中单词个数较少，因此将 skip-gram 模型的窗口大小设为 5，最低频率设为 1。其次，计算预处理之后的方法体中每个单词的词频及逆文本频率，得到每个单词的 TF-IDF 值。方法体 m_i' 中的单词记为 $\{t_1,t_2,\cdots,t_m\}$（m 表示单词的总数），那么单词 t_i 的 TF-IDF 计算方法就如公式（4.8）

所示，其中 $\mathrm{TF}(t_i)$、$\mathrm{IDF}(t_i)$ 的计算方法如公式（4.9）所示。公式（4.9）中 $f_{t_i m'_j}$ 表示单词 t_i 在方法体 m'_j 中的频率，$|M|$ 表示源代码文件中所包含方法体的总数，m_{t_i} 表示出现单词 t_i 的方法体总数。最后，对于每个方法体 m'_j（$1 \leqslant j \leqslant |M|$），结合其词向量表示及 TF-IDF 表示，得到最终的向量表示，如公式（4.10）所示。其中，w_{t_i} 表示单词 t_i 的词向量表示。

$$\mathrm{TF\text{-}IDF}(t_i) = \mathrm{TF}(t_i) \times \mathrm{IDF}(t_i) \tag{4.8}$$

$$\mathrm{TF}(t_i) = \log\left(f_{t_i m'_j}\right) + 1,\quad \mathrm{IDF}\left(t_i\right) = \ln\left(\frac{|M|}{m_{t_i}}\right) \tag{4.9}$$

$$m_j^* = \sum_{t_i \in m'_j}\left(w_{t_i} \times \mathrm{TF\text{-}IDF}(t_i)\right) \tag{4.10}$$

图 4.8 的第 II 部分展示了计算方法体之间余弦相似度并排序的过程。首先，将第 k 个方法体 m_k^*（$1 \leqslant k \leqslant |M|$）作为查询条件，将其他方法体 $m_i^*(i \neq k)$ 作为查询对象。然后，依次计算 m_k^* 与 m_i^* 中每个方法体的相似度，并基于相似度从大到小依次对 m_i^* 中的方法体进行排序，得到一个包含 $|M|-1$ 个方法体的有序序列。最后，对所有方法体执行上一步操作，计算与其他方法体的相似度并依据相似度进行排序，得到 $|M|$ 个包含 $|M|-1$ 个方法体的有序序列。

图 4.8 的第 III 部分展示了对方法体进行扩充的过程。以第 k 个方法体 m_k^*（$1 \leqslant k \leqslant |M|$）为例，它与其他 $|M|-1$ 个方法体的相似度依次记为 $s_{k,1}, s_{k,2}, \cdots, s_{k,|M|-1}$，其中相似度使用夹角余弦公式计算，如式（4.11）所示。首先，计算第 k 个方法体 m_k^* 与其他 $|M|-1$ 个方法体相似度的平均值 θ_k，如式（4.12）所示。然后，如果方法体 m_i^* 与方法体 m_k^* 的相似度 $s_{k,i} > \theta_k$，则将 m_i^* 扩充到 m_k^* 中。此外，为了保持第 k 个方法体的原始向量表示 m_k^* 在扩充之后的方法体向量表示中占据主导位置，在进行方法体扩充的时候增加一个启发式扩充系数 α，来控制其他方法体 m_i^* 在扩充之后的方法体向量表示中的影响。式（4.13）展示了方法体 m_k^* 的具体扩充公式，am_k 为 m_k^* 扩充之后的向量表示。方法体扩充算法的伪代码如图 4.9 所示。

$$s_{k,i} = \cos\left(m_k^*, m_i^*\right) = \frac{m_k^* \cdot m_i^*}{\left|m_k^*\right| \times \left|m_i^*\right|} \tag{4.11}$$

$$\theta_k = \sum_{i=1, i \neq k}^{|M|} s_{k,i} \Big/ \left(|M|-1\right) \tag{4.12}$$

$$\mathrm{am}_k = m_k^* + \alpha \sum_i \left(s_{k,i} m_i^*\right),\quad s_{k,i} > \theta_k \tag{4.13}$$

```
输入：待扩充方法体m_k^*;
其余方法体m_i^*（1≤i≤|M|且i≠k）;
方法体之间相似度：S:s_{k,i}(1≤i≤|M|且i≠k);
平均相似度θ_k;
方法体扩充系数α
输出：扩充后方法体am_k
过程：
Begin: am_k = m_k^*
        For s_{k,i} in S
            If s_{k,i} > θ_k
                am_k = am_k + α s_{k,i} m_i^*
        Return am_k
End
```

图 4.9　方法体扩充算法伪代码

2. 缺陷报告与方法体相似度计算及排序

在上一步骤中，使用 skip-gram 模型对所有预处理之后的方法体 m_i' 和缺陷报告 br_i 进行了训练，缺陷报告的内容也可以使用训练好的 skip-gram 模型得到其词向量表示。首先，将第 k 个缺陷报告 br_k 包含的词记为 $\mathrm{br}_k=\{w_{k,1},w_{k,2},\cdots,w_{k,|\mathrm{br}_k|}\}$，使用训练好的 skip-gram 模型得到 br_k 中每个词的词向量 $w_{k,i}=(v_1^{(k,i)},v_2^{(k,i)},\cdots,v_N^{(k,i)})$。然后，使用最大池化方法（Boureau et al.，2010）对 br_k 中所有词的词向量进行聚合，得到缺陷报告 br_k 的向量表示 br_k^*。以 br_k^* 第 i 个维度的值为例，它是通过选取 br_k 中每个词的词向量中第 i 个维度值的最大值来得到的，即 $\max\{v_i^{(k,1)},v_i^{(k,2)},\cdots,v_i^{(k,|\mathrm{br}_k|)}\}$。最后，MethodLocator 以方法体扩充之后的向量表示 am_i 为查询对象，以缺陷报告的向量表示 br_k^* 为查询条件，使用夹角余弦公式计算两者之间的相似度，选择与缺陷报告相似度较高的方法体作为修复缺陷所需修改的方法体。

4.3.3　细粒度软件缺陷定位方法验证

1. 数据集介绍

本节选取了 ArgoUML、Ant、Maven 和 Kylin 共 4 个开源软件项目来验证提出的细粒度软件缺陷定位方法 MethodLocator 在实际软件缺陷定位应用中的有效性，分别收集了这些项目中的源代码文件的变更信息和缺陷报告。具体的实验数据收集过程如下所述。

（1）收集源代码文件。这一步是为了从开源软件项目的代码库中得到实验所需的源代码文件。对于 ArgoUML 和 Ant 项目，使用 SVN 工具来得到其中的源代码文件。对于 Maven 和 Kylin 项目，使用 Git 工具来得到其中的源代码文件。

（2）建立由缺陷修复导致的文件变更数据集。首先，使用 SVN 或 Git 工具来收集步骤（1）中得到的源代码文件中所有.java 文件的 log 日志，对于每个.java

文件，使用SZZ（缩写分别代表Śliwerski、Zimmermann和Zeller）算法（Śliwerski et al.，2005）抽取其log日志中的bug_number（缺陷编号，与缺陷报告中的编号相同）。其次，从log日志中找到与该bug_number对应的.java文件的当前版本号及之前所有版本的版本号，并对后者按照修改时间由近到远进行排序；接着，使用diff命令比较当前版本和历史版本，选择一个最近有过改动的历史版本作为基础版本，进而比较当前版本与基础版本的不同，作为修复该bug_number所代表的缺陷而导致的代码变化。再次，对于基础版本和当前版本中的每个源代码文件，使用抽象语法树进行解析，得到所有的方法体，并查找diff结果代码行所属的方法体。最后，使用bug_number、修改的.java文件、修改的代码行以及修改的方法体建立起一个数据集。

（3）收集缺陷报告。本节从各开源软件项目的缺陷跟踪系统中得到该项目对应的缺陷报告。在实际实验中，本节从全部缺陷报告中选出能够通过缺陷编号（bug_number）准确对应步骤（2）中的源代码修改记录的部分缺陷报告进行实验，以此来保证实验的可验证性及可重复性。最终从上述4个开源软件项目中收集到的各类数据的详细信息如表4.4所示。

表4.4　实验数据的详细信息

项目名称	文件数量/个	方法数量/个	缺陷报告数量/个	缺陷报告时间
Ant	1 233	11 805	230	2000年1月～2014年1月
Maven	898	6 459	491	2004年8月～2016年10月
Kylin	996	7 744	323	2015年2月～2016年8月
ArgoUML	1 870	12 176	751	2001年1月～2014年10月

2. 实验设置

本节使用deeplearning4j[①]中的word2vec来对各软件项目缺陷数据集中的词进行训练，进而得到词向量。表4.5展示了word2vec的训练信息。考虑到BugLocator方法（Zhou et al.，2012）是静态缺陷定位方法中较为典型并广为接受的文件级别的缺陷定位方法，BLIA 1.5方法（Youm et al.，2017）是当前较为先进的方法体级别的缺陷定位方法，本节选择这两种方法作为基线方法，用于验证所提出的MethodLocator方法在软件缺陷定位中的实际性能。对于BugLocator方法，参数α为其中最重要的参数，用于确定源代码文件与缺陷报告之间的相似性阈值。本节通过在各软件项目缺陷数据集中从0.1到0.9（间隔0.1）进行搜索来得到参数α的最优值。对于ArgoUML项目、Ant项目和Maven项目，参数α的值设置为0.2；对于Kylin项目，参数α的

① 可参考网址https://deeplearning4j.org/word2vec。

值设置为0.3。对于BLIA 1.5方法，其中有4个重要参数会对缺陷定位效果产生影响。本节通过反复实验确定了各软件项目缺陷数据集的参数设置，具体为：ArgoUML（$\alpha=0.3$，$\beta=0$，$\gamma=0.5$，$k=120$），Ant（$\alpha=0.3$，$\beta=0.2$，$\gamma=0.4$，$k=120$），Maven（$\alpha=0.2$，$\beta=0.2$，$\gamma=0.3$，$k=120$），Kylin（$\alpha=0$，$\beta=0.2$，$\gamma=0.5$，$k=120$）。

表 4.5　word2vec 训练信息

项目名称	训练文本行数/行	计算机相关信息	词数/个	模型	时间消耗/毫秒
Ant	12 035	Backend used: [CPU]; OS: [Windows 7]; Cores：[4]；Memory：[0.8GB]	7 236	skip-gram	8 846
Maven	6 950	Backend used: [CPU]; OS: [Windows 7]; Cores：[4]；Memory：[0.8GB]	5 501	skip-gram	7 145
Kylin	8 067	Backend used: [CPU]; OS: [Windows 7]; Cores：[4]；Memory：[0.8GB]	3 936	skip-gram	7 774
ArgoUML	12 927	Backend used: [CPU]; OS: [Windows 7]; Cores：[4]；Memory：[0.8GB]	11 822	skip-gram	16 541

注：Backend used 为所用后台，OS 为操作系统，Cores 为核心数，Memory 为内存

3. 评价指标

本节选择4.2节提到的top*N* Rank、MAP和MRR对所提出的MethodLocator方法和基线方法的性能进行比较，以验证 MethodLocator 方法在实际软件缺陷定位中的有效性。

4. 研究问题及结果分析

本节设置了3个研究问题对所提出的MethodLocator方法的参数设置和与基准方法的对比进行了全面分析，以全面评估 MethodLocator 方法在方法体级别的缺陷定位中的性能。

研究问题1：在MethodLocator方法中，方法体扩充系数对缺陷定位的性能有何影响？

研究问题2：当把文件级别的缺陷定位方法BugLocator应用于方法体级别的缺陷定位时，与MethodLocator相比，哪个表现更好？

研究问题3：现有方法体级别的缺陷定位方法 BLIA 1.5，与 MethodLocator 方法相比，哪个表现更好？

1）对研究问题1的实验分析

为了考察 MethodLocator 方法中方法体扩充系数对缺陷定位性能的影响，在实验中，设置方法体扩充系数α从0变化到1（间隔0.05），$\alpha=0$时表示不对方

法体进行扩充。图 4.10 和图 4.11 分别展示了 α 对 MAP 和 MRR 值的影响。图 4.12～图 4.15 分别展示了所选的 4 个项目中 α 对 top$N$ Rank 值的影响。

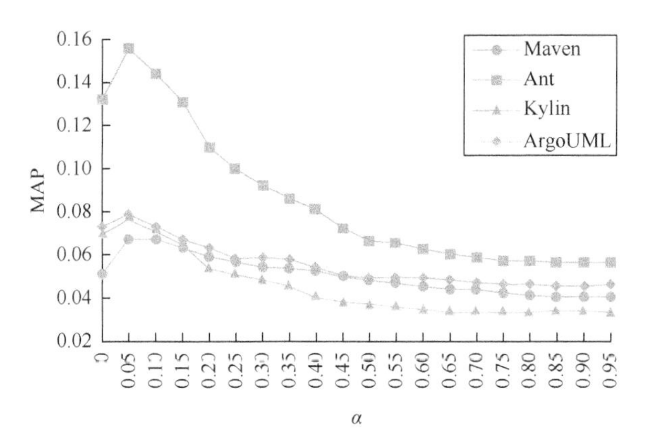

图 4.10　α 对 MAP 值的影响

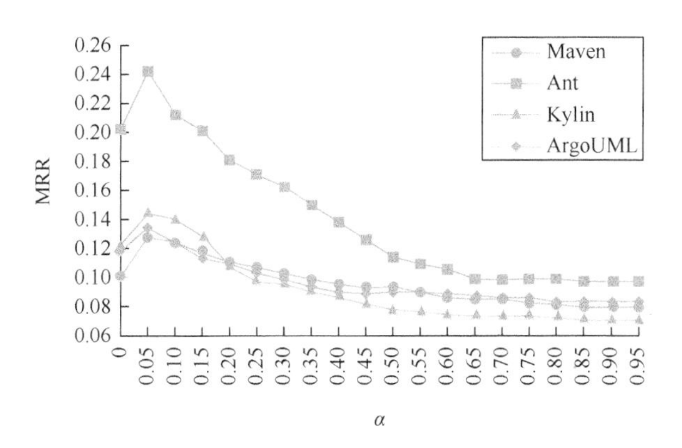

图 4.11　α 对 MRR 值的影响

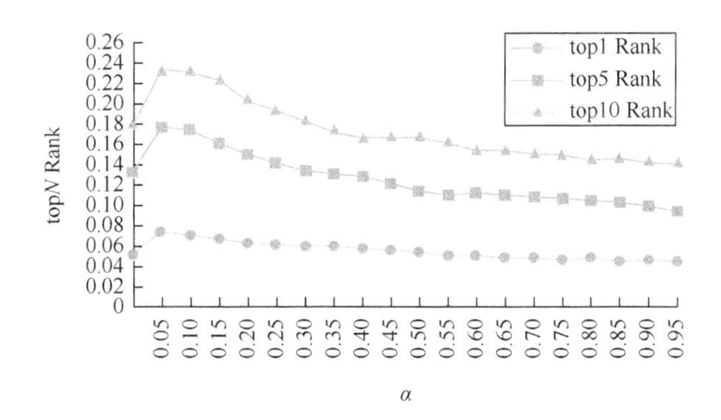

图 4.12　Maven 项目中 α 对 top$N$ Rank 值的影响

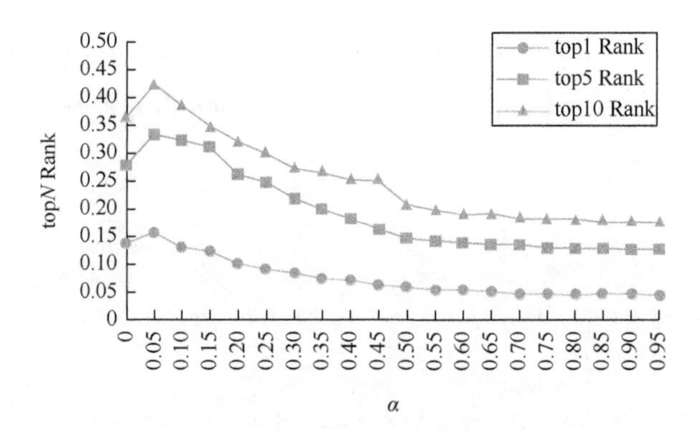

图 4.13 Ant 项目中 α 对 top$N$ Rank 值的影响

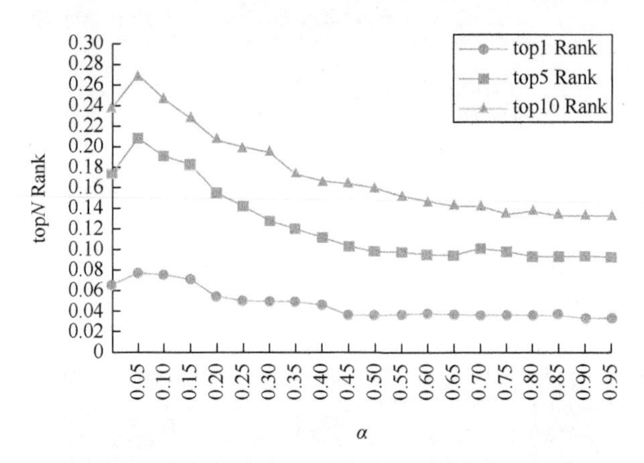

图 4.14 Kylin 项目中 α 对 top$N$ Rank 值的影响

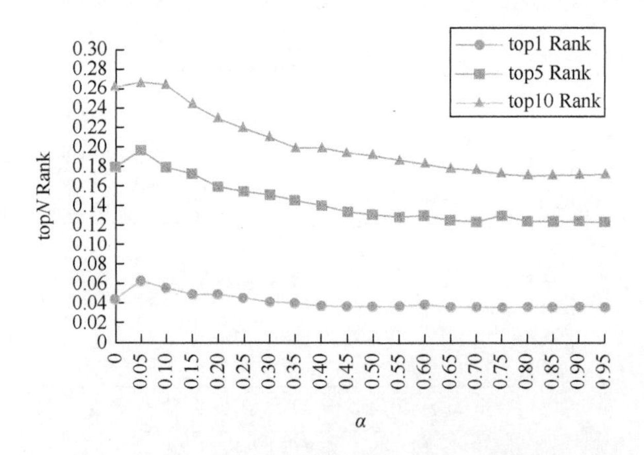

图 4.15 ArgoUML 项目中 α 对 top$N$ Rank 值的影响

从图4.10～图4.15中可以看到，在$\alpha = 0.05$时，MethodLocator方法在4个开源软件项目的数据集中均具有最优的缺陷定位性能；$\alpha > 0.05$时，MethodLocator方法在四个开源软件项目的数据集中的MAP、MRR和top$N$ Rank值逐渐变小，缺陷定位性能逐渐变差。并且，α的值增大到一定程度之后，MAP、MRR和top$N$ Rank的值均低于$\alpha = 0$时对应的性能水平，此时扩充的性能明显比不扩充的性能要差。这一结果出现的原因是，对当前方法体进行扩充能增强当前方法体中的信息，但同时也会引入一些噪声干扰，从而影响最终的缺陷定位性能。

当α在一定取值范围内的时候，增强效果大于干扰效果，其他方法体m_i^*对当前方法体m_k^*的扩充能形成有益的补充，从而提升缺陷定位的性能；但当α不在该取值范围的时候，增强效果小于干扰效果，其他方法体m_i^*对当前方法体m_k^*的扩充会带来大量噪声，从而使缺陷定位的性能变差。

此外，从MethodLocator方法在4个开源软件项目数据集上的表现来看，MethodLocator方法在Ant项目上的性能最好，在Maven、ArgoUML和Kylin项目上的性能不相上下。对实验数据的研究发现，修复一个软件缺陷，在Ant项目中平均需要修改4个方法体；在Maven项目中平均需要修改5.4个方法体，在ArgoUML项目中平均需要修改6.2个方法体，在Kylin项目中平均需要修改8个方法体。也就是说，在对一个软件缺陷进行修复的时候，在Ant项目中为修复这个缺陷所需要修改的方法体数量明显最少，缺陷定位的难度在一定程度上有所降低，从而MethodLocator方法能在Ant项目上取得最好的性能。

2）对研究问题2的实验分析

为了考察MethodLocator方法和文件级别的缺陷定位方法应用到方法体级别的缺陷定位时的表现，本节将$\alpha = 0$和$\alpha = 0.05$时的MethodLocator方法与BugLocator方法进行对比实验。MethodLocator方法与BugLocator方法的不同之处在于，MethodLocator方法使用word2vec与TF-IDF方法相结合的方式对方法体进行向量表示，并且以扩充系数α对方法体进行扩充；而BugLocator方法则直接使用TF-IDF方法对方法体进行向量表示，并且未对方法体进行扩充。MethodLocator方法和BugLocator方法在4个开源软件项目的数据集上的实验结果对比如表4.6所示。

表4.6 MethodLocator和BugLocator方法的实验结果对比

项目	方法	top1 Rank	top5 Rank	top10 Rank	MAP	MRR
Ant	BugLocator	0.139	0.278	0.365	0.134	0.210
	MethodLocator（$\alpha = 0.05$）	0.157	0.335	0.426	0.156	0.242
	MethodLocator（$\alpha = 0$）	0.139	0.278	0.366	0.132	0.202

续表

项目	方法	top1 Rank	top5 Rank	top10 Rank	MAP	MRR
Maven	BugLocator	0.053	0.138	0.185	0.054	0.101
	MethodLocator（$\alpha=0.05$）	0.073	0.177	0.230	0.068	0.127
	MethodLocator（$\alpha=0$）	0.052	0.130	0.180	0.051	0.100
Kylin	BugLocator	0.068	0.176	0.241	0.071	0.128
	MethodLocator（$\alpha=0.05$）	0.077	0.207	0.269	0.078	0.144
	MethodLocator（$\alpha=0$）	0.065	0.172	0.236	0.070	0.120
ArgoUML	BugLocator	0.046	0.183	0.273	0.073	0.118
	MethodLocator（$\alpha=0.05$）	0.063	0.196	0.267	0.079	0.134
	MethodLocator（$\alpha=0$）	0.045	0.179	0.264	0.073	0.117

从表 4.6 中可以看到，当 $\alpha=0.05$ 时，MethodLocator 方法的性能比 BugLocator 方法表现更好。具体而言，与 BugLocator 方法相比：在 top*N* Rank 值（以 top1 Rank 为例）方面，MethodLocator 方法在 Ant、Maven、Kylin 和 ArgoUML 这 4 个开源软件项目的数据集上分别提升了 12.9%、37.7%、13.2%和 37.0%；在 MAP 值方面，MethodLocator 方法在 4 个数据集上分别提升了 16.4%、25.9%、9.9%和 8.2%；在 MRR 值方面，MethodLocator 方法在 4 个数据集上分别提升了 15.2%、25.7%、12.5%和 13.6%。这一结果出现的原因是，相对于源代码文件而言，方法体包含的文本内容普遍较少、信息含量也较少，将文件级别的缺陷定位方法应用到方法体级别的缺陷定位时，仅仅对方法体进行向量表示而不进行扩充，就会导致方法体信息表示不足，从而取得较差的缺陷定位效果。

从表 4.6 中还可以看到，当 $\alpha=0$ 时，MethodLocator 方法只在 Ant 项目上的 top10 Rank 值比 BugLocator 方法更好。这一结果表明在仅仅使用新的向量表示方法对方法体进行向量表示而不对方法体进行有效扩充的条件下，MethodLocator 方法在进行缺陷定位时并不一定比基准方法更优，这也进一步证实了方法体扩充对于方法体级别缺陷定位的重要性。

3）对研究问题 3 的实验分析

为了考察 MethodLocator 方法和现有方法体级别的缺陷定位方法的表现，本节将 $\alpha=0.05$ 时的 MethodLocator 方法与 BLIA 1.5 方法进行对比实验。BLIA 1.5 方法整合了缺陷报告中的堆栈信息、文本信息等多来源信息进行方法体级别的缺陷定位。缺陷报告中包含该缺陷的堆栈信息时，对堆栈信息的分析在缺陷定位中起主要作用，缺陷报告与源代码之间的相似性起次要作用；否则，缺陷报告与源代码之间的相似性起主要作用。表 4.7 展示了在 $\alpha = 0.05$ 时 MethodLocator 方法和 BLIA 1.5 方法在 4 个开源软件项目的数据集上的表现。

表 4.7　MethodLocator 和 BLIA 1.5 方法的实验结果对比（$\alpha = 0.05$）

项目	方法	top1 Rank	top5 Rank	top10 Rank	MAP	MRR
Ant	BLIA 1.5	0.140	0.308	0.405	0.134	0.211
	MethodLocator	0.157	0.335	0.426	0.156	0.242
Maven	BLIA 1.5	0.055	0.136	0.183	0.055	0.102
	MethodLocator	0.073	0.177	0.230	0.068	0.127
Kylin	BLIA 1.5	0.071	0.184	0.260	0.072	0.130
	MethodLocator	0.077	0.207	0.269	0.078	0.144
ArgoUML	BLIA 1.5	0.049	0.185	0.274	0.076	0.120
	MethodLocator	0.063	0.196	0.267	0.079	0.134

从表 4.7 中可以看到，MethodLocator 方法的性能比 BLIA 1.5 方法更好。具体而言，与 BLIA 1.5 方法相比：在 top*N* Rank 值（以 top1 Rank 为例）方面，MethodLocator 方法在 Ant、Maven、Kylin 和 ArgoUML 这 4 个开源软件项目的数据集上分别提升了 12.1%、32.7%、8.5%和 28.6%；在 MAP 值方面，MethodLocator 方法在 4 个数据集上分别提升了 16.4%、23.6%、8.3%和 3.9%；在 MRR 值方面，MethodLocator 方法在 4 个数据集上分别提升了 14.7%、24.5%、10.8%和 11.7%。BLIA 1.5 方法尽管单独考虑了缺陷报告中的堆栈信息，并将其与缺陷报告中的总结、描述及评论等文本信息分开处理了，然而，还是存在以下几个问题。首先在 4 个开源软件项目的数据集中，包含堆栈信息的缺陷报告在总体中所占比例较小（平均在 5%～10%），因此这些少量的堆栈信息无法在缺陷定位中起到决定性的作用。其次，在少量包含堆栈信息的缺陷报告中，其堆栈信息所包含的往往是从外层调用的代码到最内层出现问题的源代码，堆栈轨迹的路径普遍较长，从而可能错误定位可能发生缺陷的源代码。比如，在 ArgoUML 项目数据集中的缺陷报告#4173，这个缺陷报告中的堆栈信息由外到内包含了 11 个类的 14 个函数。从这个堆栈信息中分析，这 11 个类的 14 个函数和它们所依赖的类及函数都有可能是导致该缺陷的原因。此外，虽然在文件级别的粗粒度缺陷定位中使用堆栈信息一般能取得较好的效果（Rahman et al.，2011；Saha et al.，2014），但是由于堆栈信息在对导致软件缺陷的方法体的指向性信息上的弱化，并未看到单独利用堆栈信息来改善缺陷预测或缺陷定位的研究。综上，通过本节的实验

可以得出结论：在方法体级别的缺陷定位中，堆栈信息并不能显著提高缺陷定位效果。

4.4 基于查询扩展的方法体级别缺陷定位方法

4.4.1 方法体级别缺陷定位与查询扩展

在当前关于方法体级别缺陷定位的研究中，虽然一些方法在缺陷定位效果上获得了良好的表现，然而却存在两个问题阻碍着缺陷定位性能的提升。第一是表示稀疏问题。在方法体级别的缺陷定位中，由于平均而言一个方法体中包含的有效词小于 20 个，因此对方法的表示存在稀疏性问题，这是导致传统的基于信息检索模型的缺陷定位方法性能较低的一个原因。第二是一个词在源代码方法体中出现的次数太少。在传统的信息检索模型中，文档中词的频率会影响对文档之间相关程度的评估。如果一个关键的词汇在方法体中出现的次数很少，那么它与缺陷报告之间就不能建立一个高度匹配的关系。然而在大多数的源代码方法体中，一个词只出现一次或者两次，这使得类似于语言模型评估之类的简单操作变得十分困难（Saha et al.，2013）。

为了解决上述两个问题，本节将查询扩展方法引入方法体级别的软件缺陷定位中。查询扩展是指通过度量子查询与相邻查询之间的相似性，获取相邻查询中的附加术语并将其添加到子查询中，进而提高信息检索的性能。例如，三个查询 q_1、q_2、q_3 的向量表示分别为$V_{q_1}=[a_{1,1},a_{1,2},\cdots,a_{1,n}]$，$V_{q_2}=[a_{2,1},a_{2,2},\cdots,a_{2,n}]$，$V_{q_3}=[a_{3,1},a_{3,2},\cdots,a_{3,n}]$。其中，$q_1$ 和 q_2 之间的余弦相似度为 $s_{1,2}$，q_1 和 q_3 之间的余弦相似度为 $s_{1,3}$。对于查询 q_1，经过查询扩展，q_1 的向量可表示为 $V_{q_1}=[a_{1,1}+a_{2,1}s_{1,2}+a_{3,1}s_{1,3},a_{1,2}+a_{2,2}s_{1,2}+a_{3,2}s_{1,3},\cdots,a_{1,n}+a_{2,n}s_{1,2}+a_{3,n}s_{1,3}]$。

4.4.2 基于查询扩展的缺陷定位方法设计

基于查询扩展的定义，本节提出一个基于查询扩展的方法体级别软件缺陷定位方法 FineLocator。该方法由三步组成。第一步从源代码文件中抽取方法体信息，本节使用 Eclipse 抽象语法树从 Java 源代码文件中抽取方法签名和方法体，使用 Java Understand Tool 提取每种方法的依赖信息，然后结合 word2vec 和 TF-IDF 方法，对源代码方法体进行向量表示。第二步利用三个查询扩展分数对方法体进行扩展，具体包括语义相似度得分、时间接近度得分和调用依赖度得分。第三步利用待定位的缺陷报告和经过扩展后的方法体进行余弦相似度得分计算，利用计算结果对源代码方法体进行排序，从而对需要进行变更修复的方法体进行定位。图 4.16 给出了 FineLocator 方法的总体架构。方法扩展面向的是缺陷定位，查询扩展面向的是搜索。此外，除了考虑语义相似度之外，本节还考虑了方法体之间的时间接近度和调用依赖度。

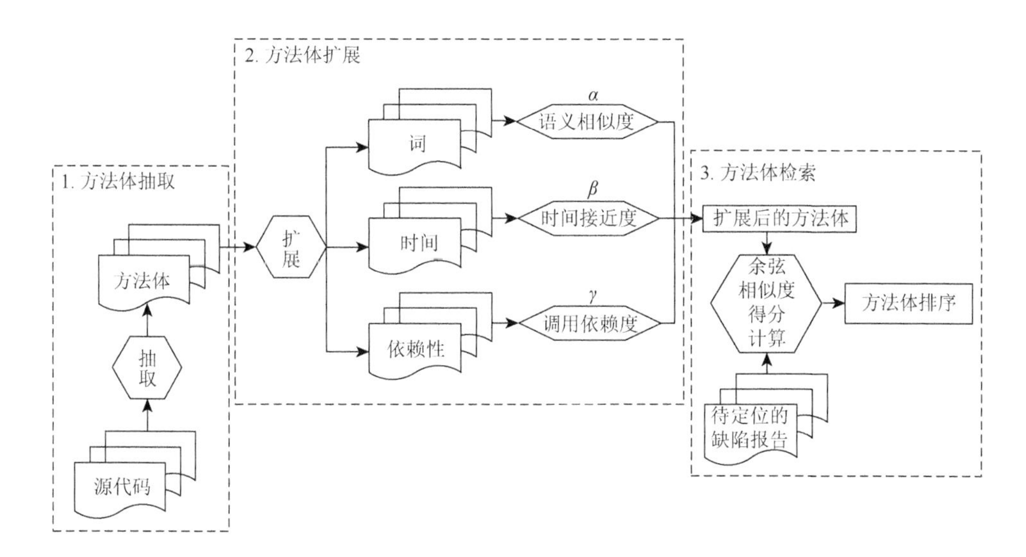

图 4.16　FineLocator 方法的总体架构

接下来，我们首先对缺陷报告和源代码方法体的向量表示进行描述。其次，介绍如何利用查询扩展方法对源代码方法体进行扩展。最后，给出基于信息检索方法的缺陷报告与源代码方法体的相似度计算，以及如何根据相似度计算结果对方法体进行排序的方法。

1. 缺陷报告和源代码方法体的向量表示

根据 4.1 节对缺陷报告及其构成的介绍，首先对 FineLocator 缺陷定位方法所涉及的四个核心概念进行定义，具体如下。

定义 1：缺陷报告 br_i。一个缺陷报告 br_i 可以表示为 $\mathrm{br}_i=\{s_i,d_i,c_i\}$ 的三元组形式。其中，s_i 表示缺陷报告的摘要；d_i 表示缺陷报告的描述；c_i 表示缺陷报告的一组评论。

定义 2：源代码文件集 F。F 表示所研究的软件项目的全部源代码文件的集合。

定义 3：已修改的文件集 $\mathrm{sf}(\mathrm{br}_i)$。$\mathrm{sf}(\mathrm{br}_i)=\left\{f_1^{\mathrm{br}_i},f_2^{\mathrm{br}_i},\cdots,f_{|\mathrm{br}_i|}^{\mathrm{br}_i}\right\}$ 表示与缺陷报告 br_i 相关的已修改的文件集，其中 $f_j^{\mathrm{br}_i}$ 表示与缺陷报告 br_i 相关的已被修复的一个源代

码文件。这组文件集用于解决缺陷报告 br_i 中描述的问题。

定义 4：已修改的方法集合 $sm(f_j^{br_i})$ 。 $sm(f_j^{br_i})=\left\{m_1^{br_i},m_2^{br_i},\cdots,m_{|sm(f_j^{br_i})|}^{br_i}\right\}$（$1\leqslant j\leqslant|sf(br_i)|$）表示在被修改的源代码文件 $f_j^{br_i}$ 中被更改的方法集合，其中 $\left\{m_1^{br_i},m_2^{br_i},\cdots,m_{|sm(f_j^{br_i})|}^{br_i}\right\}$ 表示在文件 $f_j^{br_i}$ 中为了修复缺陷报告 br_i 中描述的问题需要修改的一组方法。

利用软件项目的缺陷跟踪系统，我们可以获得历史缺陷报告 $\{br_1,br_2,\cdots,br_m\}$（$m$ 表示缺陷报告的数量）及其已修改的文件集 $\{sf(br_1),\cdots,sf(br_i),\cdots,sf(br_m)\}$，以及每一个已修改文件 $sf(br_i)$ 的修改方法集 $sm\left(f_j^{br_i}\right)$。对于一个新的缺陷报告 br_{new}，只需要在 F 中检索其修改后的文件集 $\left\{f_1^{br_{new}},f_2^{br_{new}},\cdots,f_{|sf(br_{new})|}^{br_{new}}\right\}$ 以及每个文件中的方法集 $\left\{m_1^{br_{new}},m_2^{br_{new}},\cdots,m_{|sm(f_j^{br_{new}})|}^{br_{new}}\right\}$ 来解决新缺陷报告 br_{new} 中描述的问题。

2. 利用查询扩展方法对源代码方法体进行扩展

本节提出了三个查询扩展分数对方法体进行扩展，包括语义相似度得分、时间接近度得分和调用依赖度得分。下面分别对这三种查询扩展分数进行阐述，并在最后给出如何利用这些扩展分数对方法体进行扩展。

1）语义相似度得分

方法体的语义相似度反映的是两个方法体在语义词汇上的相似程度，其计算过程包括两个步骤：①对每个方法体进行向量化表示；②基于余弦相似度度量两个向量之间的语义相似度。对每个方法体通过文本预处理提取出代表该方法的词项，并通过 TF-IDF 和 word2vec 将方法体转化为词向量。具体的实现步骤与 4.3 节的 MethodLocator 中的相关步骤相同。对于两个方法体—— m_i 和 m_k 的语义相似度得分 $ss(m_i,m_k)$，本节采用余弦相似度进行相似性度量，其计算方式如公式(4.14)所示。

$$ss(m_i,m_k)=\frac{doc_i\cdot doc_k}{|doc_i|\times|doc_k|} \tag{4.14}$$

其中，doc_i 和 doc_k 分别为 m_i 和 m_k 的向量表示。

2）时间接近度得分

方法体的时间接近度反映两个方法体在修改时间上的临近程度，其基本思想是，如果两个方法体 m_i 和 m_k 在短时间内被逐个修改，那么它们比修改时间长的其他方法在时间相似度上更接近。因此方法体 m_i 和 m_k 之间的时间接近度

$\mathrm{tp}(m_i, m_k)$ 通过两个方法体 m_i 和 m_k 的最新修改时间 t_i 和 t_k 之间的时间差 $|t_i - t_k|$ 除以任意两个方法体之间的平均时间得到。同时，本节使用 sigmoid 函数将 $\mathrm{tp}(m_i, m_k)$ 的范围调节在 0 和 1 之间。综上，方法体的时间接近度得分的计算方式如公式（4.15）所示。

$$\mathrm{tp}(m_i, m_k) = \mathrm{sigmoid}\left(\frac{|t_i - t_k|}{\frac{1}{N(N-1)}\sum_{i,j}^{N}|t_i - t_j|}\right) \tag{4.15}$$

例如，有三个方法 m_1、m_2 和 m_3，它们的最新修改时间分别为 t_1、t_2 和 t_3。假设 $t_2 - t_1 = 1$，$t_3 - t_1 = 2$。根据公式（4.15）可得，方法 m_1 和方法 m_3 的时间接近度得分 $\mathrm{tp}(m_1, m_3)$ 为 $\mathrm{sigmoid}\left(\frac{|t_1 - t_3|}{\frac{1}{3\times(3-1)}\sum_{i,j}^{3}|t_i - t_j|}\right) = \mathrm{sigmoid}(1.5) = 0.81766$。

3）调用依赖度得分

方法体的调用依赖度指的是两个方法体在调用关系或者依赖关系上的联系程度，如果两个方法体之间的调用路径越短，则表明它们之间的调用依赖度越高。

在一个项目中，方法体之间的依赖性可通过统一建模语言（unified modeling language，UML）图等类之间的依赖图来说明。图 4.17 给出了三个类“Foo1”、“Foo2”和“Foo3”的类依赖关系图，其中类“Foo1”依赖于类“Foo2”，而类

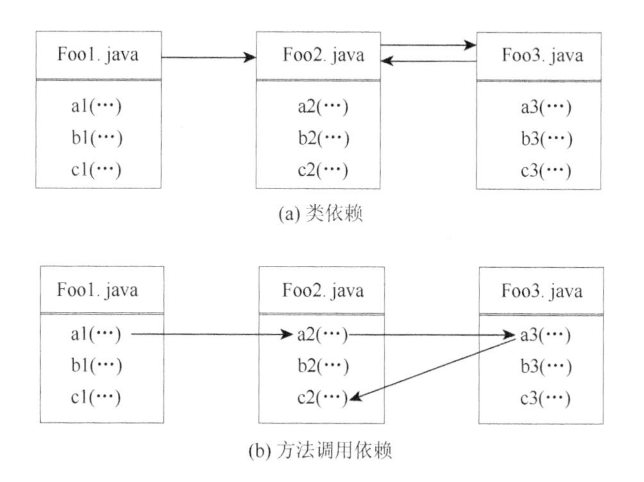

图 4.17　项目中的类依赖项和方法调用依赖项的示例

“Foo2”依赖于类“Foo3”，同时类“Foo3”依赖于类“Foo2”。实际上，三个类之间的依赖关系是因为类“Foo1”中的“a1”方法调用了类“Foo2”中的“a2”方法，而类“Foo2”中的“a2”方法调用了类“Foo3”中的“a3”方法。最后，类“Foo3”中的“a3”方法调用了类“Foo2”中的“c2”方法。因此，根据图 4.17 中三个类中方法之间的调用关系，可以找出方法“a2”到方法“c2”之间的链接路径为 a1→a2→a3→c2，路径长度为 3。由此我们可以认为两个方法之间的链接路径越短，方法之间的调用依赖度越高。同时，除了考虑每两个方法之间的路径长度外，还需要考虑在项目中所有方法之间最短路径的平均长度。

依据上述思路，本节设定两个方法 m_i 和 m_k 之间的调用依赖度得分 $\mathrm{cd}(m_i,m_k)$ 等于 1 减去两个方法的最短路径长度 $\mathrm{lp}(m_i,m_k)$ 除以调用依赖关系图中任意两个链接方法的平均最短长度；当两个方法在调用依赖关系图中没有建立链接路径，那么它们之间的调用依赖度得分为 0。具体如公式（4.16）所示。

$$\mathrm{cd}(m_i,m_k)=\begin{cases}\mathrm{sigmoid}\left(1-\mathrm{lp}(m_i,m_k)\Bigg/\dfrac{\sum_{i,j}^{N}\mathrm{lp}(m_i,m_j)}{\sum_{i,j}^{N}\delta(m_i,m_j)}\right), & \delta(m_i,m_k)=1\\ 0, & \delta(m_i,m_k)=0\end{cases}\tag{4.16}$$

其中，$\delta(m_i,m_k)=1$ 表示方法 m_i 和 m_k 在方法调用依赖图中有链接；$\delta(m_i,m_k)=0$ 表示方法 m_i 和 m_k 在调用依赖关系图中没有链接。请注意，$\mathrm{lp}(m_i,m_k)$ 仅在条件 $\delta(m_i,m_k)=1$ 下存在。否则，$\mathrm{lp}(m_i,m_k)$ 不存在并且将不在公式（4.16）中考虑。同时，使用 sigmoid 函数将 $\mathrm{cd}(m_i,m_k)$ 的范围调节在 0 到 1 之间。

根据式（4.16），可以计算出 $\mathrm{lp}(a1,a2)=1$。在图 4.17 中，三个类中的所有方法可以构建 6 条路径：a1→a2（长度为 1），a2→a3（长度为 1），a3→c2（长度为 1），a1→a2→a3（长度为 2），a2→a3→c2（长度为 2），a1→a2→a3→c2（长度为 3）。因此，所有方法的平均路径长度为这 6 条路径长度的平均值，即 $(1+1+1+2+2+3)/6=5/3$。因此，调用依赖度得分 $\mathrm{cd}(a1,a2)=\mathrm{sigmoid}(1-1/(5/3))=0.5987$。

在得到语义相似度得分 $\mathrm{ss}(m_i,m_k)$、时间接近度得分 $\mathrm{tp}(m_i,m_k)$ 和调用依赖度得分 $\mathrm{cd}(m_i,m_k)$ 后，通过方法 m_k 扩充方法 m_i 的扩充系数 $\mathrm{ac}(m_i,m_k)$ 如公式（4.17）所示。其中，利用参数 α 来调整语义相似度在扩充方法中的相对重要性，利用参数 β 来调整时间接近度在扩充方法中的相对重要性，利用 γ 来调整调用依赖度在扩充方法中的相对重要性。调整 α、β 和 γ，使其总和等于 1（使用 10 折交叉验证方法来调整参数 α、β 和 γ）。

$$\mathrm{ac}(m_i,m_k)=\alpha\times \mathrm{ss}(m_i,m_k)+\beta\times \mathrm{tp}(m_i,m_k)+\gamma\times \mathrm{cd}(m_i,m_k) \tag{4.17}$$

使用扩充系数 $\mathrm{ac}(m_i,m_k)$ 大于所有方法对平均系数 $\frac{1}{N(N-1)}\sum_{i,j}^{N}\mathrm{ac}(m_i,m_j)$ 的方法 m_k 来扩充方法 m_i。原始方法 m_i 经扩充后的向量表示 $m_i^{(a)}$ 如公式（4.18）所示。其中，K 表示扩充系数 $\mathrm{ac}(m_i,m_k)$ 大于平均系数 $\frac{1}{N(N-1)}\sum_{i,j}^{N}\mathrm{ac}(m_i,m_j)$ 的方法的数量。

$$m_i^{(a)}=\sum_{k=1}^{K}\mathrm{ac}(m_i,m_k)\times \mathrm{doc}_k \tag{4.18}$$

3. 缺陷报告与方法体相似度计算及排序

本节使用 word2vec［skip-gram 模型（Chen et al.，2011）］将每个缺陷报告转换为向量表示。具体来说，对于第 q 个缺陷报告 br_q，$\mathrm{bow}_q=\{w_{q,1},w_{q,2},\cdots,w_{q,|\mathrm{bow}_q|}\}$ 表示 br_q 的词袋。首先，使用 word2vec 模型得到缺陷报告 br_q 中的每个单词 w_p 的向量表示 $v_p=(v_{p,1},v_{p,2},\cdots,v_{p,L})$。然后，使用最大池化方法获得缺陷报告 br_q 的向量表示 doc_q，即 doc_q 中的第 i 个维度的值为 $\max\{v_{1,i},v_{2,i},\cdots,v_{|\mathrm{bow}_q|,i}\}$。需要说明的是，结合前人的经验及人工观察，我们选取了缺陷报告中的总结、描述和评论这三个部分的内容。经过上述处理后，FineLocator 使用公式（4.18）中的所有已处理方法 $m_i^{(a)}$ 作为文档，并将缺陷报告作为查询，以使用对文档的查询进行信息检索。具体地，通过使用公式（4.19）中描述的余弦相似度来计算文档与查询的相关性。

$$\mathrm{rel}\left(\mathrm{doc}_q,m_i^{(a)}\right)=\frac{\mathrm{doc}_q\cdot m_i^{(a)}}{\left|\mathrm{doc}_q\right|\times\left|m_i^{(a)}\right|} \tag{4.19}$$

给定缺陷报告 br_q，根据其相关性按降序对所有方法 m_i 进行排序，即对 $\mathrm{rel}\left(\mathrm{doc}_q,m_i^{(a)}\right)$ 进行降序排序。$\mathrm{rel}\left(\mathrm{doc}_q,m_i^{(a)}\right)$ 越大，则为修复缺陷 br_q 修改方法的可能性就越大。

4.4.3　基于查询扩展的缺陷定位方法验证

1. 数据集介绍

本节以 ArgoUML、Ant、Maven、Kylin 和 AspectJ 这 5 个开源软件项目为例，来验证所提出的 FineLocator 方法在软件缺陷定位方面的有效性。对 5 个项目基准数据构建的方法与 MethodLocator 相同，具体的实现步骤详见 4.3.3 节。实验数据的基本情况如表 4.8 所示。

表 4.8　实验数据的基本情况

项目	时间跨度	缺陷报告数量/个	源代码文件数量/个	方法数量/个
Ant	2000 年 1 月～2014 年 1 月	27	1 233	11 805
Maven	2004 年 8 月～2016 年 10 月	87	898	6 459
Kylin	2015 年 2 月～2016 年 8 月	145	996	7 744
ArgoUML	2001 年 1 月～2014 年 10 月	178	1 870	12 176
AspectJ	2002 年 7 月～2006 年 10 月	94	6 485	33 500

2. 实验设置

将从每一个项目获取的整个数据集划分为训练数据集、交叉验证数据集和随机测试数据集三个子集。其中训练数据集占数据集总量的 80%，交叉验证数据集和随机测试数据集各占数据集总量的 10%。同时为了确保实验结果的鲁棒性，本节对整个数据集进行了 10 次随机分区，并且以这 10 次实验结果的平均值作为最终实验的结果。

本节选取了三个目前比较先进的软件缺陷定位方法作为基线方法来验证 FineLocator 方法的性能，三个基线方法分别为 BugLocator、BLIA 1.5 和 MULAB。因为 BugLocator 和 BLIA 1.5 同样也是 MethodLocator 选取的基准方法，因此这两个方法不在此节进行重复叙述，详细介绍见 4.3.3 节。MULAB 方法通过使用向量空间模型和多个主题模型来对缺陷报告与源代码之间的相似性进行计算，并且使用遗传算法来推断最优主题模型的参数配置。MULAB 方法具体有以下四个处理组件：预处理、主题编号调整、层次结构创建和多抽象检索。为了获得最佳的性能，在实验中我们将 MULAB 方法中抽象层次结构中的级别数设置为 6。

在实验中，我们特别加入了 AspectJ 项目，因此需要在这里特别介绍一下 BLIA 1.5 和 BugLocator 两个方法如何在 AspectJ 项目上进行参数设置。具体地，在 BugLocator 方法中，将 AspectJ 项目上的 α 设置为 0.3；在 BLIA 1.5 方法中，设置 AspectJ 项目中的 $k=120$、$\alpha=0.3$、$\beta=0.2$、$\gamma=0.4$。

3. 评价指标

与已有的关于方法体级别软件缺陷定位的相关研究类似（Boureau et al.,

2010；Chen et al.，2011；Zhou et al.，2012），本节引入 top$N$ Rank、MRR 和 MAP 三种指标来评估各方法的有效性。具体三个评价指标的描述和计算方法，请参考 4.2.3 节。

4. 基于查询扩展的缺陷定位结果及分析

为了综合评价所提出的基于查询扩展的方法体级别的软件缺陷定位方法 FineLocator 的性能，本节设置以下三个研究问题对其性能和参数设置进行全面分析。

研究问题 1：在 FineLocator 中，公式（4.17）中的语义相似度的权重系数α、时间接近度的权重系数β和调用依赖度的权重参数γ的变化对软件缺陷定位的性能有何影响？

研究问题 2：当把文件级别的缺陷定位方法（BugLocator）运用于方法体级别的缺陷定位时，其性能与 FineLocator 相比是否有所提升？

研究问题 3：FineLocator 与现有的方法体级别的缺陷定位方法 BLIA 1.5 以及 MULAB 相比性能是否有提升？

1）研究问题 1 的实验分析

针对研究问题 1，本节使用穷举搜索法来对α、β和γ三个权重参数进行设置，以期找到 FineLocator 方法参数的最佳组合。本节以 0.1 为间隔对三个参数进行调整，同时设置$\alpha+\beta+\gamma=1$，并且使$\alpha\geqslant 0$、$\beta\geqslant 0$、$\gamma\geqslant 0$。因此，当参数$\alpha=0.9$时，参数β和参数γ应该有一个为 0。当参数α=0.8 时，参数β和参数γ应该都为 0.1。

表 4.9、表 4.10 和表 4.11 分别显示了α、β和γ三个权重参数的调整对 FineLocator 方法平均性能的影响（其中粗体表示最佳性能）。从表 4.9～表 4.11 可以看到，当 FineLocator 获得最佳性能时，参数α设置在 0.4 和 0.7 之间，参数β设置在 0 和 0.4 之间，参数γ设置在 0.1 和 0.4 之间。

2）研究问题 2 的实验分析

针对研究问题 2，本节保留了原始 BugLocator 方法的计算过程，但是将原本文件级别的缺陷定位粒度调整为方法体级别。具体来说，即将原始的 BugLocator 方法使用源代码文件建立索引改为使用方法体建立索引，并且将考察相似缺陷报告修改的源代码文件情况改为考察相似缺陷报告修改的方法体情况。文件级别的 BugLocator 缺陷定位方法和 FineLocator 缺陷定位方法的区别如下：前者使用 TF-IDF 方法对方法体进行向量化，后者使用查询扩展方法对方法体进行扩充，同时将 word2vec 和 TF-IDF 组合在一起对方法体进行向量化。

表 4.9 α 参数调整对 FineLocator 方法平均性能的影响

评价指标	项目	α										
		0	0.1	0.2	0.3	0.4	0.5	0.6	0.7	0.8	0.9	1.0
MAP	Ant	0.0548	0.0549	0.0549	0.0548	0.0546	**0.0550**	0.0547	0.0547	0.0544	0.0544	0.0542
	Kylin	0.0503	0.0505	0.0505	0.0503	0.0505	0.0505	0.0507	**0.0509**	0.0507	0.0504	0.0499
	Maven	0.0620	0.0618	0.0620	0.0619	**0.0624**	0.0624	0.0621	0.0621	0.0620	0.0615	0.0618
	ArgoUML	0.0296	0.0298	0.0298	0.0297	0.0297	0.0297	**0.0298**	0.0298	0.0296	0.0294	0.0295
	AspectJ	0.0732	0.0736	0.0736	0.0733	0.0736	**0.0741**	0.0736	0.0737	0.0737	0.0733	0.0727
MRR	Ant	0.1406	0.1408	0.1408	0.1406	0.1400	**0.1408**	0.1403	0.1402	0.1393	0.1394	0.1395
	Kylin	0.1471	0.1481	0.1480	0.1476	0.1477	0.1472	0.1478	**0.1493**	0.1490	0.1483	0.1451
	Maven	0.1181	0.1169	0.1171	0.1171	**0.1191**	0.1177	0.1181	0.1189	0.1176	0.1163	0.1166
	ArgoUML	0.0572	0.0569	0.0570	0.0574	0.0569	0.0573	**0.0574**	0.0572	0.0569	0.0565	0.0566
	AspectJ	0.1980	0.1991	0.1991	0.1983	0.1991	**0.2005**	0.1991	0.1997	0.1997	0.1986	0.1967
top1 Rank	Ant	**0.0741**	0.0720	0.0720	0.0720	0.0720	0.0720	0.0720	0.0720	0.0720	0.0720	0.0720
	Kylin	0.1001	0.1034	**0.1034**	0.1034	0.1034	0.1034	0.1034	0.1034	0.1034	0.1034	0.1001
	Maven	**0.0230**	0.0230	0.0223	0.0211	0.0211	0.0211	0.0211	0.0217	0.0211	0.0205	0.0211
	ArgoUML	0.0217	0.0222	**0.0227**	0.0227	0.0222	0.0222	0.0217	0.0217	0.0217	0.0211	0.0211
	AspectJ	0.1151	**0.1170**	0.1137	0.1076	0.1076	0.1076	0.1076	0.1107	0.1076	0.1043	0.1076
top5 Rank	Ant	**0.1852**	0.1852	0.1852	0.1825	0.1799	0.1799	0.1773	0.1773	0.1747	0.1747	0.1747
	Kylin	0.1905	**0.1931**	0.1905	0.1905	0.1905	0.1905	0.1905	0.1852	0.1852	0.1852	0.1852
	Maven	**0.2019**	0.2019	0.2019	0.1999	0.1999	0.1999	0.1960	0.1940	0.1921	0.1921	0.1881
	ArgoUML	0.0677	0.0677	0.0677	0.0682	0.0672	0.0682	0.0672	0.0682	**0.0682**	0.0667	0.0667
	AspectJ	0.2747	0.2747	0.2747	0.2766	0.2727	0.2766	0.2727	**0.2766**	0.2763	0.2706	0.2706
top10 Rank	Ant	0.3262	**0.3333**	0.3297	0.3297	0.3297	0.3297	0.3297	0.3297	0.3297	0.3297	0.3297
	Kylin	**0.2276**	0.2228	0.2252	0.2228	0.2228	0.2252	0.2276	0.2276	0.2252	0.2205	0.2205
	Maven	0.3681	0.3708	0.3736	0.3765	0.3765	0.3793	**0.3793**	0.3765	0.3708	0.3708	0.3681
	ArgoUML	0.1288	0.1281	0.1281	0.1300	0.1300	0.1300	0.1307	0.1300	0.1300	0.1307	**0.1307**
	AspectJ	0.4062	0.4106	**0.4149**	0.4106	0.4106	0.4106	0.4106	0.4106	0.4106	0.4106	0.4106

表 4.10　β 参数调整对 FineLocator 方法平均性能的影响

评价指标	项目	β										
		0	0.1	0.2	0.3	0.4	0.5	0.6	0.7	0.8	0.9	1.0
MAP	Ant	0.0546	0.0549	0.0549	0.0547	**0.0550**	0.0545	0.0544	0.0546	0.0546	0.0540	0.0548
	Kylin	**0.0509**	0.0507	0.0507	0.0505	0.0505	0.0503	0.0500	0.0503	0.0496	0.0494	0.0467
	Maven	0.0621	0.0620	0.0621	0.0624	**0.0624**	0.0619	0.0615	0.0615	0.0620	0.0607	0.0614
	ArgoUML	**0.0299**	0.0296	0.0296	0.0294	0.0296	0.0294	0.0295	0.0295	0.0293	0.0288	0.0275
	AspectJ	0.0737	**0.0741**	0.0737	0.0736	0.0736	0.0732	0.0728	0.0732	0.0723	0.0718	0.0679
MRR	Ant	0.1406	0.1408	0.1408	0.1405	**0.1408**	0.1399	0.1400	0.1397	0.1399	0.1385	0.1405
	Kylin	**0.1493**	0.1483	0.1481	0.1479	0.1480	0.1476	0.1457	0.1472	0.1460	0.1459	0.1413
	Maven	0.1189	0.1177	0.1181	0.1177	**0.1191**	0.1171	0.1169	0.1171	0.1169	0.1154	0.1158
	ArgoUML	**0.0574**	0.0569	0.0573	0.0567	0.0572	0.0569	0.0573	0.0574	0.0570	0.0564	0.0551
	AspectJ	0.1997	**0.2005**	0.1997	0.1991	0.1991	0.1980	0.1969	0.1980	0.1956	0.1945	0.1839
top1 Rank	Ant	0.0720	0.0720	0.0720	0.0720	0.0720	0.0720	0.0720	0.0720	0.0720	0.0720	**0.0741**
	Kylin	0.1034	0.1034	0.1034	0.1034	0.1034	0.1034	0.1001	0.1001	**0.1034**	0.1034	0.1001
	Maven	0.0230	0.0223	0.0223	0.0223	0.0223	0.0223	0.0223	0.0223	0.0223	0.0223	**0.0230**
	ArgoUML	0.0217	0.0217	0.0222	0.0217	0.0217	0.0222	0.0222	0.0227	**0.0227**	0.0222	0.0217
	AspectJ	0.1165	0.1137	0.1136	0.1137	0.1076	0.1076	0.1076	0.1137	0.1137	**0.1170**	0.1137
top5 Rank	Ant	0.1825	**0.1852**	0.1852	0.1852	0.1852	0.1825	0.1825	0.1825	0.1825	0.1825	0.1747
	Kylin	0.1905	0.1852	0.1878	0.1905	0.1905	0.1905	0.1873	0.1905	0.1905	**0.1931**	0.1905
	Maven	**0.2019**	0.1999	0.1999	0.2019	0.1999	0.2019	0.1999	0.1999	0.1980	0.1921	0.1881
	ArgoUML	**0.0682**	0.0672	0.0682	0.0672	0.0672	0.0672	0.0682	0.0677	0.0677	0.0672	0.0637
	AspectJ	**0.2766**	0.2727	0.2727	0.2727	0.2727	0.2727	0.2766	0.2747	0.2747	0.2727	0.2586
top10 Rank	Ant	0.3297	0.3297	**0.3333**	0.3333	0.3333	0.3297	0.3297	0.3297	0.3297	0.3297	0.3262
	Kylin	**0.2276**	0.2276	0.2276	0.2252	0.2252	0.2228	0.2228	0.2205	0.2252	0.2228	0.2133
	Maven	0.3765	**0.3793**	0.3736	0.3708	0.3681	0.3651	0.3651	0.3708	0.3567	0.3567	0.3425
	ArgoUML	**0.1307**	0.1307	0.1262	0.1255	0.1268	0.1275	0.1268	0.1262	0.1255	0.1249	0.1230
	AspectJ	0.4106	0.4106	**0.4149**	0.4149	0.4149	0.4106	0.4106	0.4106	0.4106	0.4106	0.4062

表 4.11　γ 参数调整对 FineLocator 方法平均性能的影响

评价指标	项目	γ										
		0	0.1	0.2	0.3	0.4	0.5	0.6	0.7	0.8	0.9	1.0
MAP	Ant	0.0548	**0.0550**	0.0547	0.0548	0.0547	0.0547	0.0549	0.0547	0.0549	0.0544	0.0546
	Kylin	0.0503	0.0505	0.0507	**0.0509**	0.0505	0.0505	0.0501	0.0505	0.0503	0.0503	0.0503
	Maven	0.0621	0.0618	**0.0624**	0.0621	0.0621	0.0618	0.0618	0.0620	0.0618	0.0614	0.0620
	ArgoUML	0.0295	0.0296	0.0296	0.0298	0.0298	0.0297	0.0297	0.0297	0.0298	**0.0299**	0.0296
	AspectJ	0.0732	0.0736	0.0737	0.0737	**0.0741**	0.0736	0.0730	0.0736	0.0732	0.0732	0.0732
MRR	Ant	0.1405	**0.1408**	0.1403	0.1406	**0.1408**	0.1406	0.1408	0.1404	0.1408	0.1397	0.1406
	Kylin	0.1472	0.1483	0.1490	**0.1493**	0.1480	0.1479	0.1471	0.1481	0.1458	0.1461	0.1471
	Maven	0.1171	0.1171	**0.1191**	0.1189	0.1177	0.1169	0.1169	0.1170	0.1168	0.1158	0.1181
	ArgoUML	0.0574	0.0573	0.0569	0.0573	**0.0574**	0.0569	0.0569	0.0569	0.0569	0.0569	0.0572
	AspectJ	0.1980	0.1991	0.1997	0.1997	**0.2005**	0.1991	0.1976	0.1991	0.1980	0.1980	0.1980
top1 Rank	Ant	**0.0741**	0.0720	0.0720	0.0720	0.0720	0.0720	0.0720	0.0720	0.0720	0.0720	0.0720
	Kylin	**0.1034**	0.1034	0.1034	0.1034	0.1034	0.1034	0.1034	0.1034	0.1001	0.1001	0.1001
	Maven	**0.0230**	0.0223	0.0223	0.0223	0.0223	0.0223	0.0223	0.0223	0.0223	0.0230	0.0211
	ArgoUML	**0.0227**	0.0222	0.0222	0.0222	0.0217	0.0217	0.0217	0.0217	0.0217	0.0217	0.0206
	AspectJ	**0.1170**	0.1137	0.1137	0.1076	0.1076	0.1076	0.1076	0.1076	0.1076	0.1165	0.1076
top5 Rank	Ant	0.1773	0.1825	0.1825	0.1825	0.1825	0.1852	0.1852	0.1852	0.1852	**0.1852**	0.1825
	Kylin	**0.1931**	0.1905	0.1905	0.1878	0.1878	0.1878	0.1878	0.1878	0.1852	0.1799	0.1905
	Maven	0.1960	0.1980	0.1999	0.2019	0.1999	0.1999	0.2019	0.1999	0.1999	0.1980	**0.2019**
	ArgoUML	0.0672	0.0682	**0.0682**	0.0682	0.0672	0.0667	0.0667	0.0667	0.0677	0.0677	0.0677
	AspectJ	0.2727	0.2727	0.2727	**0.2766**	0.2727	0.2706	0.2706	0.2706	0.2747	0.2747	0.2747
top10 Rank	Ant	0.3297	0.3297	0.3297	0.3297	0.3297	0.3333	0.3333	**0.3333**	0.3297	0.3262	0.3262
	Kylin	0.2252	**0.2252**	0.2276	0.2205	0.2205	0.2205	0.2205	0.2228	0.2205	0.2157	0.2276
	Maven	0.3708	0.3708	0.3765	**0.3793**	0.3793	0.3765	0.3765	0.3736	0.3708	0.3425	0.3681
	ArgoUML	**0.1307**	0.1307	0.1300	0.1300	0.1307	0.1300	0.1300	0.1300	0.1281	0.1281	0.1288
	AspectJ	0.4106	0.4106	0.4106	0.4106	0.4106	0.4149	**0.4149**	0.4149	0.4106	0.4062	0.4062

表 4.12 显示了 FineLocator 方法和 BugLocator 方法在 5 个项目中基于方法体级别的缺陷定位方面的性能。从表 4.12 中可以看出在全部的 5 个评价指标中，FineLocator 方法的缺陷定位性能均高于 BugLocator 方法。在 MAP 指标上，FineLocator 方法比 BugLocator 方法在 5 个项目上分别提高了 8.9%、55.6%、26.9%、6.8%和 15.6%；在 MRR 指标上，FineLocator 方法比 BugLocator 方法在 5 个项目上分别提高了 5.2%、36.6%、26.6%、6.9%和 25.6%；在 top1 Rank 评价指标上，FineLocator 比 BugLocator 在性能上分别提高了 5.1%、13.9%、41.2%、26.1%和 30.7%；在 top5 Rank 评价指标上，FineLocator 比 BugLocator 在性能上分别提高了 5.7%、50.7%、23.3%、3.3%和 44.9%；在 top10 Rank 评价指标上，FineLocator 比 BugLocator 在性能上分别提高了 11.5%、42.2%、19.5%、4.0%和 37.3%。相较于源代码文件的长度，方法体的长度更短，仅使用 TF-IDF 方法对方法体进行向量化容易使表示向量中出现明显的稀疏性。因此在将 BugLocator 方法的缺陷定位粒度调整为方法体级别的情况下，当出现一个待定位的缺陷报告时，所有的方法与该缺陷报告之间相似性没有明显差异，导致很难定位与缺陷报告相关的方法体。

表 4.12　FineLocator 方法与 BugLocator 方法在方法体级别的缺陷定位方面的性能比较

项目	方法	top1 Rank	top5 Rank	top10 Rank	MAP	MRR
Ant（$L=300$，$\alpha=0.5$，$\beta=0.4$，$\gamma=0.1$）	BugLocator	0.0705	0.1401	0.2989	0.0505	0.1338
	FineLocator	**0.0741**	**0.1481**	**0.3333**	**0.0550**	**0.1408**
Maven（$L=200$，$\alpha=0.4$，$\beta=0.4$，$\gamma=0.2$）	BugLocator	0.0202	0.1220	0.2506	0.0401	0.0856
	FineLocator	**0.0230**	**0.1839**	**0.3563**	**0.0624**	**0.1169**
Kylin（$L=200$，$\alpha=0.7$，$\beta=0$，$\gamma=0.3$）	BugLocator	0.0684	0.1454	0.1847	0.0401	0.1144
	FineLocator	**0.0966**	**0.1793**	**0.2207**	**0.0509**	**0.1448**
ArgoUML（$L=300$，$\alpha=0.6$，$\beta=0$，$\gamma=0.4$）	BugLocator	0.0180	0.0660	0.1147	0.0279	0.0537
	FineLocator	**0.0227**	**0.0682**	**0.1193**	**0.0298**	**0.0574**
AspectJ（$L=500$，$\alpha=0.5$，$\beta=0.1$，$\gamma=0.4$）	BugLocator	0.0895	0.1542	0.2634	0.0641	0.1501
	FineLocator	**0.1170**	**0.2234**	**0.3617**	**0.0741**	**0.1886**

注：L 为 word2vec 的向量维度；粗体表示较好的性能

3）研究问题 3 的实验分析

针对研究问题 3，表 4.13 展示了在 5 个项目上 FineLocator 方法和 BLIA 1.5 方法在方法体级别缺陷定位方面的性能比较。从表 4.13 可以看出，FineLocator 方法的性能优于 BLIA 1.5。导致该结果的可能原因有以下两个方面：首先，在本节选取的项目中，所有缺陷报告中包含的堆栈信息比例不大，因此对于单独考虑堆栈信息的 BLIA 1.5 方法来说，较小比例的堆栈信息并不能在缺陷定位的结果中起到决定性的作用；其次，由于堆栈信息所包含的信息往往从最表面调用的函数代码追踪到最深层出现问题的源代码，所以整个堆栈轨迹的路径较长。因此，即使缺陷报告中存在堆栈信息，也可能因为堆栈较长的路径使得对发生缺陷的源代码造成误判。

表 4.13 FineLocator 方法与 BLIA 1.5 方法在方法体级别缺陷定位方面的性能比较

项目	方法	top1 Rank	top5 Rank	top10 Rank	MAP	MRR
Ant（$L=300$，$\alpha=0.5$，$\beta=0.4$，$\gamma=0.1$）	BLIA 1.5	0.0711	0.1552	0.3317	0.0498	0.1344
	FineLocator	**0.0741**	0.1481	**0.3333**	**0.0550**	**0.1408**
Maven（$L=200$，$\alpha=0.4$，$\beta=0.4$，$\gamma=0.2$）	BLIA 1.5	0.0183	0.1202	0.2479	0.0409	0.0864
	FineLocator	**0.0230**	**0.1839**	**0.3563**	**0.0624**	**0.1169**
Kylin（$L=200$，$\alpha=0.7$，$\beta=0$，$\gamma=0.3$）	BLIA 1.5	0.0714	0.1520	0.1992	0.0407	0.1162
	FineLocator	**0.0966**	**0.1793**	**0.2207**	**0.0509**	**0.1448**
ArgoUML（$L=300$，$\alpha=0.6$，$\beta=0$，$\gamma=0.4$）	BLIA 1.5	0.0192	0.0667	0.1151	0.0290	0.0547
	FineLocator	**0.0227**	**0.0682**	**0.1193**	**0.0298**	**0.0574**
AspectJ（$L=500$，$\alpha=0.5$，$\beta=0.1$，$\gamma=0.4$）	BLIA 1.5	0.1033	0.1552	0.2818	0.0666	0.1461
	FineLocator	**0.1170**	**0.2234**	**0.3617**	**0.0741**	**0.1886**

注：L 为 word2vec 的向量维度；粗体表示较好的性能

表 4.14 显示了 FineLocator 方法与 COMBMNZ-DEF 方法在方法体级别的缺陷定位方面的性能比较。可以看出，FineLocator 方法的性能优于 COMBMNZ-DEF。出现该结果的原因是方法体的长度较短，因此使用 TF-IDF 对方法体进行向量化表示时会存在大量的稀疏性。而使用 LDA 模型提取方法体和缺陷报告的主题时，每个文档中共同出现的术语数量很少，导致 LDA 在表示缺陷报告和方法体时与本节使用的方法体扩充方法相比，代表性和判别性较弱。

表 4.14 FineLocator 方法与 COMBMNZ-DEF 方法在方法体级别的缺陷定位方面的性能比较

项目	方法	top1 Rank	top5 Rank	top10 Rank	MAP	MRR
Ant（$L=300$，$\alpha=0.5$，$\beta=0.4$，$\gamma=0.1$）	COMBMNZ-DEF	0.0705	0.1426	0.3038	0.0494	0.1281
	FineLocator	**0.0741**	**0.1481**	**0.3333**	**0.0550**	**0.1408**
Maven（$L=200$，$\alpha=0.4$，$\beta=0.4$，$\gamma=0.2$）	COMBMNZ-DEF	0.0183	0.1211	0.2479	0.0401	0.0847
	FineLocator	**0.0230**	**0.1839**	**0.3563**	**0.0624**	**0.1169**
Kylin（$L=200$，$\alpha=0.7$，$\beta=0$，$\gamma=0.3$）	COMBMNZ-DEF	0.0825	0.1487	0.2069	0.0424	0.1278
	FineLocator	**0.0966**	**0.1793**	**0.2207**	**0.0509**	**0.1448**
ArgoUML（$L=300$，$\alpha=0.6$，$\beta=0$，$\gamma=0.4$）	COMBMNZ-DEF	0.0184	0.0657	0.1147	0.0283	0.0547
	FineLocator	**0.0227**	**0.0682**	**0.1193**	**0.0298**	**0.0574**
AspectJ（$L=500$，$\alpha=0.5$，$\beta=0.1$，$\gamma=0.4$）	COMBMNZ-DEF	0.0981	0.1552	0.3053	0.0683	0.1620
	FineLocator	**0.1170**	**0.2234**	**0.3617**	**0.0741**	**0.1886**

注：L 为 word2vec 的向量维度；粗体表示较好的性能

4.5 本章小结

软件缺陷的产生在软件项目的开发过程中不可避免，特别是对于大型开源软件项目，用户每天都会提交大量的软件缺陷报告。对于开发人员来说，要对某个软件缺陷进行修复就必须充分了解该缺陷的相关信息。为此，开发人员需要阅读大量的源代码文件，特别是当缺陷报告和源代码文件的数量都很多的时候，为了修复这些软件缺陷而进行的缺陷定位会非常耗费开发人员的时间和精力。此外，如果对一个缺陷久久无法正确定位，就会增加修复该缺陷的时间，从而使得该软件项目的维护成本上升，用户对该软件产品的满意度下降。目前的软件项目缺陷定位方法可以分为静态缺陷定位方法和动态缺陷定位方法。本章聚焦于静态缺陷定位方法，其依据研究粒度划分，又可分为文件级别的缺陷定位方法和方法体级别的缺陷定位方法。文件级别的缺陷定位方法是指设计合适的算法，找到导致软件缺陷的相应源代码文件。方法体级别的缺陷定位方法则是指设计合适的算法，找到导致软件缺陷的相应源代码文件及其中相应方法体的位置。

在文件级别的缺陷定位方法中，现有研究很少将缺陷修复历史信息应用到对缺陷源代码文件的定位中。我们在“历史上经常被修改的文件在未来可能还会经常被修改”和“近期被修改的文件比早期修改的文件更加可能被修改”这两个软件缺陷修复中的局部现象的基础上，将历史缺陷修复信息引入软件缺陷定位，提出了一种基于缺陷修复历史的两阶段缺陷定位方法，以提高软件缺陷修复的效率。开发人员实际在进行软件缺陷修复的时候，真正需要修改的往往只是源代码文件中的一个或多个方法体。因此，研究人员提出了一些方法体级别的缺陷定位方法，进一步提高了开发人员的工作效率，并且使得软件维护的成本进一步降低。然而，在方法体级别的缺陷定位方法中，很少有研究考虑方法体中仅有少量信息且长度普遍很短这一事实。基于此，我们提出了细粒度软件缺陷定位方法 MethodLocator 和基于查询扩展的方法体级别的缺陷定位方法 FineLocator，使用细粒度信息进一步提高软件缺陷修复的效率。本章在实际开源软件项目构建的数据集中进行了大量实验，使用目前最先进的方法作为基线方法，与我们提出的方法进行了综合对比，发现我们提出的方法在各项评价指标上都优于基线方法，验证了所提出方法的有效性。总的来说，精准的缺陷定位方法有利于帮助开发人员对软件缺陷进行准确定位，降低软件维护的成本，提高软件开发的质量，这对于软件质量管理至关重要。

参考文献

李政亮，陈翔，蒋智威，等. 2021. 基于信息检索的软件缺陷定位方法综述[J]. 软件学报，32（2）：247-276.

马慧芳，曾宪桃，李晓红，等. 2016. 改进的频繁词集短文本特征扩展方法[J]. 计算机工程，42（10）：213-218.

唐明，朱磊，邹显春. 2016. 基于 Word2Vec 的一种文档向量表示[J]. 计算机科学，43（6）：214-217，269.

王旭，张文，王青. 2014. 基于缺陷修复历史的两阶段缺陷定位方法[J]. 计算机系统应用，23（11）：99-104.

Boureau Y L，Bach F，LeCun Y，et al. 2010. Learning mid-level features for recognition[C]. The 2010 IEEE Computer Society Conference on Computer Vision and Pattern Recognition. San Francisco.

Chen M G，Jin X M，Shen D. 2011. Short text classification improved by learning multi-granularity topics[C]. The Twenty-Second International Joint Conference on Artificial Intelligence. Barcelona.

Jones J. 2003. Abstract syntax tree implementation idioms[C]. The 10th Conference on Pattern Languages of Programs. Beijing.

Le T D B，Oentaryo R J，Lo D. 2015. Information retrieval and spectrum based bug localization：better together[C]. The 10th Joint Meeting on Foundations of Software Engineering. Bergamo.

Lukins S K，Kraft N A，Etzkorn L H. 2010. Bug localization using latent Dirichlet allocation[J]. Information and Software Technology，52（9）：972-990.

Mikolov T，Chen K，Corrado G，et al. 2013. Efficient estimation of word representations in vector space[EB/OL]. https://arxiv.org/pdf/1301.3781.pdf[2022-12-01].

Moreno L，Bandara W，Haiduc S，et al. 2013. On the relationship between the vocabulary of bug reports and source code[C]. The 2013 IEEE International Conference on Software Maintenance. Eindhoven.

Phan X H，Nguyen L M，Horiguchi S. 2008. Learning to classify short and sparse text & web with hidden topics from large-scale data collections[C]. The 17th International Conference on World Wide Web. Beijing.

Poshyvanyk D，Gueheneuc Y G，Marcus A，et al. 2007. Feature location using probabilistic ranking of methods based on execution scenarios and information retrieval[J]. IEEE Transactions on Software Engineering，33（6）：420-432.

Quan X J，Liu G，Lu Z，et al. 2010. Short text similarity based on probabilistic topics[J]. Knowledge and Information Systems，25：473-491.

Rahman F，Posnett D，Hindle A，et al. 2011. BugCache for inspections：hit or miss？[C] The 19th ACM SIGSOFT Symposium and the 13th European Conference on Foundations of Software Engineering. Szeged.

Rahman S，Sakib K. 2016. An appropriate method ranking approach for localizing bugs using minimized search space[C]. The 11th International Conference on Evaluation of Novel Software Approaches to Software Engineering. Rome.

Saha R K，Lawall J，Khurshid S，et al. 2014. On the effectiveness of information retrieval based bug localization for C programs[C]. The 2014 IEEE International Conference on Software Maintenance and Evolution. Victoria.

Saha R K，Lease M，Khurshid S，et al. 2013. Improving bug localization using structured information retrieval[C]. The 28th IEEE/ACM International Conference on Automated Software Engineering. Silicon Valley.

Scanniello G，Marcus A，Pascale D. 2015. Link analysis algorithms for static concept location：an empirical assessment[J]. Empirical Software Engineering，20：1666-1720.

Śliwerski J，Zimmermann T，Zeller A. 2005. When do changes induce fixes？[J]. ACM SIGSOFT Software Engineering Notes，30（4）：1-5.

Wang S W，Lo D. 2014. Version history，similar report，and structure：putting them together for improved bug localization[C]. The 22nd International Conference on Program Comprehension. Hyderabad.

Wen M，Wu R X，Cheung S C. 2016. Locus：locating bugs from software changes[C]. The 31st IEEE/ACM International Conference on Automated Software Engineering. Singapore.

Ye X，Bunescu R，Liu C. 2014. Learning to rank relevant files for bug reports using domain knowledge[C]. The 22nd ACM SIGSOFT International Symposium on Foundations of Software Engineering. Hong Kong.

Youm K C，Ahn J，Lee E. 2017. Improved bug localization based on code change histories and bug reports[J]. Information and Software Technology，82：177-192.

Zhang W，Yoshida T，Tang X J. 2011. A comparative study of TF*IDF，LSI and multi-words for text classification[J]. Expert Systems with Applications，38（3）：2758-2765.

Zhang Y，Lo D，Xia X，et al. 2018. Fusing multi-abstraction vector space models for concern localization[J]. Empirical Software Engineering，23：2279-2322.

Zhou J，Zhang H Y，Lo D. 2012. Where should the bugs be fixed? More accurate information retrieval-based bug localization based on bug reports[C]. The 34th International Conference on Software Engineering. Zurich.

第5章 总结与展望

5.1 总　结

开源软件倡导开放、平等、协作、共享的理念，为当今世界所普遍接受的技术和产业创新方式之一，是新一代信息技术和数字经济发展的基础与动力。开源软件凭借其低成本和快速迭代的优势，正成为各国打造数字经济产业竞争优势和引领互联网软件创新的主要手段（谢少锋，2021）。然而，软件开发的过程复杂性和开源软件开发的组织松散性，给开源软件质量保证带来了巨大挑战。由此，相比于传统的商业闭源软件项目，开源软件由于其开发方式在一定时期内会产生更多的软件缺陷。正是由于开源软件缺陷在软件社区中被快速发现和解决，驱动了开源软件朝着正确的方向快速迭代，带来了开源软件项目的成功。因此，我们认为，对于开源软件项目来说，高效准确地管理其在社区被发现的软件缺陷，并以高质量的方式解决缺陷，将是开源软件项目成功的关键因素之一。

在上述洞察的基础之上，本书从开源软件缺陷管理的三个方面，即软件缺陷预测、软件缺陷分配和软件缺陷定位方面，对开源软件缺陷管理问题展开了详细论述，汇报了作者及其研究团队近些年以来在上述三个方面所做出的研究工作。本书主要内容的总结如下。

首先，在软件缺陷预测方面，主要研究了四个方面的问题。其一是软件缺陷数据的非均衡问题。也就是说，在实际软件缺陷数据中，往往会存在一种明显的“二八分布”现象，即20%的软件模块拥有80%的软件缺陷，而剩下的80%的软件模块却很少被发现有软件缺陷。因此，如何在这种数据非均衡条件下展开软件缺陷预测是本书所研究的问题之一。其二是软件缺陷度量元问题。经典的软件缺陷预测方法大多关注到了代码度量元（如圈复杂度和代码行数等）和过程度量元（如代码修改次数和代码修改行数等）对于最终软件缺陷数量的影响，而忽略了开发人员度量元（如开发人员经验和代码所有权等）对于软件缺陷的影响。因此，如何从更多维度对软件缺陷进行预测也是本书研究的问题。其三是软件缺陷预测迁移学习问题。对于开发历史较长的开源软件来说，其用户数量较多，因而其软件模块上被发现的软件缺陷数量一般较多。然而，对于开发历史较短的新增开源软件项目来说，由于其用户数量一般较少，因此其软件模块上被发现的软件缺陷数量也一般较少。因此，如何将从历史开源软件项目上的缺陷预测模型迁移到新增开源软件项目上进行缺陷预测是本书所研究的问题之一。其四是软件缺陷时间序列预测问题。传统的软件缺陷预测方法一般从截面数据的角度考察软件度量元（如代码度量元和过程度量元等）与软件各个模块缺陷数量之间的预测关系，而忽略了软件缺陷数量的时间序列特性，即软件缺陷数量具有前后依赖关系。一般来说，软件缺陷的发生具有一定的“爆发性”，即短时间内可能发现大量的缺陷，而其余时间仅发现较少的缺陷。因此，除了考虑软件度量元与软件缺陷之间在截面数据上的预测关系之外，还必须考虑缺陷数据的时间序列（面板数据）特性。因此，如何从时间序列的角度预测软件缺陷数量也是本书研究的重要问题。

其次，在软件缺陷分配方面，我们主要通过对缺陷报告和开发人员之间的关联关系建模来为软件缺陷报告推荐开发人员。第一，通过计算新增缺陷报告和历史缺陷报告之间的文本相似度，将相似度较高的历史缺陷报告解决人作为该新增缺陷报告的候选解决人；然后，通过构建候选解决人之间的合作网络并利用网络中心性指标来推荐最有可能解决该新增缺陷报告的开发人员。第二，考虑到缺陷报告中可能存在的噪声，我们利用 LDA 进行了主题建模以提高文本相似性度量的准确性。通过从新增和历史缺陷报告中提取文本主题，并对开发人员的专长和兴趣建模以提高新增缺陷报告的开发人员推荐准确度。第三，考虑到开发人员之间在软件缺陷解决过程中形成的多种类型的合作关系，我们引入了异构网络来对开发人员之间多种类型的合作关系进行建模，并结合缺陷报告文本相似性和开发人员异构邻近性来为新增缺陷报告推荐开发人员。

最后，在软件缺陷定位方面，主要研究了两个方面的问题：其一是文件级别的软件缺陷定位；其二是方法体级别的细粒度软件缺陷定位。针对前一问题，本书提出了一种结合信息检索和缺陷预测的两阶段软件缺陷定位模型：第一阶段通过新增软件缺陷报告检索历史缺陷报告以及源代码文件，从而锁定与新增软件缺陷报告相关的源代码文件；第二阶段通过软件预测模型得到所锁定的源代码文件出现缺陷的可能性，从而将锁定的源代码文件中出现缺陷可能性高的文件作为缺陷定位的最终结果。针对后一个问题，我们注意到在实际的开源软件开发中，对于软件缺陷的修复往往通过修改多个源代码文件完成，而对于每个源代码文件，开发人员仅仅修改了其中一个或者多个小的代码片段。因此，为了节省开发人员在锁定所需修改的源代码片段上的时间，我们提出了方法体级别的细粒度软件缺陷定位方法，通过在方法体级别上锁定所需修改的源代码，从而提高开发人员的缺陷修复定位效率。

本书所提出的软件缺陷预测、软件缺陷分配和软件缺陷定位方法均在实际的开源软件项目，如 Tomcat、Kylin 和 ArgoUML 中进行了实验，并通过与现有方法的比较，证实了所提出方法在性能上的优越性。

5.2 展　望

由于开源软件本身的复杂性，不可能确保在软件发布的时候不会发生软件缺陷。从广义上来讲，软件缺陷与软件功能同根同源，均来自对于软件需求的理解和源代码功能的实现。也就是说，为了满足某种软件需求而实现软件的某种功能，必定会因为对软件系统进行特殊定制而引入其他可能存在的不足之处（如程序运行效率、功能满足度、通用性等方面的问题）。除了在软件开发过程中采用严格的质量控制手段（如代码评审和测试等）之外，必须将关注点转向在开源软件发布后如何对软件缺陷进行合理的预测、分配和定位。其目的是在开源软件发布早期尽可能准确地预测软件项目可能存在的缺陷，以加大评审和测试资源投入，以及通过开发人员分配和缺陷辅助定位，从而高质量解决软件发布后用户所发现的缺陷。

我们的未来工作是采用数据驱动的方法对开源软件缺陷进行全过程跟踪，以实现面向开源软件开发全过程的软件质量保证体系。首先，基于用户在开源社区的讨论数据，通过自然语言处理以获取用户对于开源软件的真实需求。其次，通过版本控制数据和源代码数据，建立软件源代码实现和功能需求之间的连接。再次，对于用户报告的开源软件缺陷，通过用户提交的软件缺陷报告以及历史软件缺陷报告辅助再现开源软件缺陷，以判定软件缺陷的真实性。之后，对于判定为真实的软件缺陷，利用历史缺陷大数据进行软件缺陷修复优先度和严重度排序。对于那些需要优先修复的软件缺陷，利用本书所提出的方法进行软件缺陷分配并进行软件缺陷自动定位。同时，通过源代码和需求之间的连接关系，进行软件缺陷溯源，以判定是由于需求引起的软件缺陷还是由于编码引起的软件缺陷。最后，对于为修复软件缺陷而提交的代码补丁，利用本书所提出的软件缺陷预测模型进行软件缺陷修复合理性判断。通过充分利用来自开源软件社区的与软件缺陷相关的大数据，如文本数据、源代码和缺陷过程记录等，在软件缺陷全生命周期内进行数据驱动的软件缺陷修复支持，从而实现开源软件智能化缺陷修复。

随着开源软件项目在全球范围内日益兴起，开源社区积累了越来越多的源代码数据、邮件数据和缺陷数据。这些数据使得软件研究人员有条件从大规模的软件开发历史记录中发现能够用于指导软件实际开发的模式和知识。一系列数据挖掘、信息检索和知识发现等技术手段被软件工程研究人员广泛采纳，以解决软件工程中所遇到的实际问题（Zhang and Tsai，2003）。与数据挖掘、信息检索和知识发现等领域研究人员所关注的具有广泛、抽象、通用意义的大规模数据处理问题不同，软件工程研究界关注于那些在软件开发过程中对于项目管理和开发人员所遇到的具体的对软件工程具有实际价值的问题，并通过引入上述技术手段提出有效的可行解决方案，并对软件工程提供有价值的指导。本书所开展的研究属于数据挖掘和软件工程交叉领域（毛澄映等，2009），它利用开源项目资源库挖掘这一研究主题，在软件行业自主创新的背景下，面向开源软件的质量改进，推进两方面研究相互交叉融合，以期达到更高的研究水平。

参 考 文 献

毛澄映，卢炎生，胡小华. 2009. 数据挖掘技术在软件工程中的应用综述[J]. 计算机科学，36（5）：1-6，26.

谢少锋. 2021. 软件引领经济发展 开源赋能技术创新[J]. 软件和集成电路，（12）：24.

Raymond E. 1999. The cathedral and the bazaar[J]. Knowledge，Technology & Policy，12：23-49.

Zhang D，Tsai J J P. 2003. Machine learning and software engineering[J]. Software Quality Journal，11：87-119.